Gernot Beger
Wer erzieht hier eigentlich wen?
Die Welt vom anderen Ende der Hundeleine
Erzählung
KLECKS VERLAG

Gernot Beger

# Wer erzieht hier eigentlich wen?
## Die Welt vom anderen Ende der Hundeleine

Erzählung

Gewidmet allen Hunden dieser Welt

# Inhalt

# DIE WICHTIGSTEN AKTEURE

*Chaka und Gernot*
Die temperamentvolle Ridgeback-Hündin Chaka hat
eine nachhaltige Abneigung gegen Leinenzwang und
unsinnige Kommandos ihres Herrchens Gernot.

*Jumper und Peter*
Der lebende Adrenalinspeicher Jumper, ein Dalmatiner-
Rüde, treibt seinen gutmütigen Besitzer Peter oftmals
zur Verzweiflung.

*Einstein und Jule*
Mischlingsrüde Einstein, ein intelligenter aber auch
braver Streber vor dem Herrn, lässt Frauchen Jule bei
sich wohnen.

*Kochgruppe*
Besteht aus den Junggesellen Gernot, Peter und Klaus.
Letzterer lebt mit einer Katze zusammen. Daher ist ihm
die typische Gemütslage von dominierten Hundehaltern
fremd.

*Glühweintruppe*
Die drei weiblichen Mitglieder führen regelmäßig
gemeinsam ihre Hunde aus und machen sowohl auf
Vier- wie auch auf Zweibeiner einen schrillen Eindruck.

*Tierheim*

Lilly, wichtigtuerischer Zwergpinscher
Captain, ein alternder Malinois, spricht nur im Militärton
Freddy, der joviale Retriever redet im rheinischen Dialekt
Ferdinand, halbseidener Irish Setter
Cäsar, der Boss, ein mächtiger Schäferhund

*Welpenschule*

Lulu, versucht, in ihr faltiges Fell hineinzuwachsen
Krümel, lustiger, knackwurstklauender Klobürsten-Terrier
Rambo, sabbernder Landstraßenmischling
Oskar, fiept stets vor Aufregung

*Weitere Akteure*

Staatsanwalt Klagehorst mit seinem Mischling Omnibus
Hundezüchter Krumbein, so skurril wie eigennützig
Tierpsychologin Krasenbrink, bevorzugt liebliche
Tiernamen
Nachbar Schwengelbeck, trägt einen genagelten
Zeigefinger
Nachbar Nölkenhöner, hilfsbereite Plaudertasche
Hundetrainer Blitz-Bernd, der Einäugige unter den
Blinden
Tierarzt Dr. Schniggendiller, ein hinterlistiger Wehtuer

# VORWORT

Hallo liebe Artgenossen. Ich möchte mich gerne vorstellen, damit ihr wisst, von wem diese tierischen Ansichten und Erzählungen stammen. Also: Mein Name ist Chaka und ich bin eine fast zwei Jahre alte Rhodesian Ridgeback-Hündin. Mit meinem Herrchen Gernot lebe ich in einer kleinen Wohngemeinschaft im westfälischen Münster. Ich weiß natürlich, dass die meisten von euch es ohnehin draufhaben, Herrchen und Frauchen immer wieder dazu zu bringen, das zu machen, was wir Vierbeiner wollen und sie dabei in dem Glauben zu lassen, sie hätten entschieden. Ich bin mir aber sicher, ihr könnt dies noch optimieren. Meine Erfahrungen mit den Zweibeinern sind da bestimmt hilfreich.

Und auch die Zweibeiner können ordentlich was dazulernen. Wer von denen hat denn schon ein gutes Hundesachbuch gelesen? Das wird bestenfalls gekauft und steht dann dumm im Bücherregal rum, um Staub anzusetzen. Also, das Beste ist, ihr nehmt die Sache selbst in die Hand und zeigt euren Leinenhaltern, Dosenöffnern, Felleltern oder wie ihr sie sonst noch nennt, wo es langgeht. Sie sind ja nicht dumm. Sie haben eben leider nur einen limitierten Erkenntnishorizont bezüglich unserer vierbeinigen Realität.

Chaka

# KAPITEL 1
## WEHRET DEN ANFÄNGEN

Drei Dinge in dieser Welt gefallen mir als Hund überhaupt nicht: Bei Regen Gassi gehen, Kommandos ausführen und Fußball im Fernsehen. Ansonsten kann das Hundeleben eine feine Sache sein. Jedenfalls dann, wenn Hund einen gut erzogenen Zweibeiner hat. Dann hast du zumindest keine Existenzprobleme, und wenn du es richtig anstellst, sogar einigen Komfort. Du hast ein Dach über dem Kopf, ein kuscheliges Körbchen und das Essen wird pünktlich serviert. Du wirst regelmäßig Gassi geführt und wenn du Beschwerden hast, wirst du zum Weißkittel chauffiert. Es gibt bestimmt viele Zweibeiner, die es nicht so gut haben. Aber: Der Hund braucht sein Hundeleben. Er will zwar keine Flöhe haben, aber die Möglichkeit, sie zu bekommen. Alles hängt vom Wohlwollen der Zweibeiner ab. Als Hund bist du letztlich ein Luxussklave.

Auf mich trifft das leider auch zu. Mein Herrchen hält sich außerdem auch noch für einen großen Hundeahnungshaber. Er glaubt dies, weil er eine kleine Bibliothek mit Hundefachbüchern sein Eigen nennt und vorgibt, einige von denen sogar gelesen zu haben. Im Grunde denkt er aber, wie viele andere Hundebesitzer auch, dass Hunde kleine vierbeinige Menschen mit Fell sind und erwartet, dass sie sich auch so verhalten. Tut unsereins aber nicht. Erst recht nicht, wenn es sich um fremde Eindringlinge in der gewohnten Umgebung handelt, wie gestern zum Beispiel. Mein Zweibeiner und ich waren unterwegs auf unserem morgentlichen Spaziergang zum sogenannten Hundewald in Münster-Roxel, einem Ortsteil im Außenbereich der Stadt. Für diejenigen, die keine Geografie studiert haben: Münster liegt mitten im Münsterland oder etwas gröber umrissen, irgendwo zwischen Holland und Berlin. Meinen Zweibeiner, er heißt übrigens Gernot und ist siebenundvierzig Jahre alt, nenne ich ungerne Herrchen. Das klingt so unterwürfig und ich mache dies nur, wenn ich besonders gute Laune habe.

Wir schlenderten also zu dem fußläufig von unserer Wohnung zu erreichenden Wäldchen, querten die Schelmenstiege, kamen auf den Eichenweg und bogen dann links in den Rohrbusch ab. Nach wenigen Minuten waren wir in dem rechter Hand liegenden kleinen Gehölz. Die ersten Sonnenstrahlen dieses frohgelaunten Novembertages blinzelten durch die kahlen Äste und ließen das auf dem Boden liegende Laub in allen Braun-, Ocker- und Gelbtönen leuchten.

Während mein Herrchen sich auf den befestigten Waldwegen bewegte und in Gedanken seinen noch ungeordneten Tagesplan zusammenstellte, jagte ich über Stock und Stein – planmäßig alles dem Zufall überlassend. Zu den Tagesrandzeiten ist im Wald ähnlich viel Hundebetrieb wie Autoverkehr auf den Straßen. Man trifft jede Menge alte Bekannte, kann sich am gemeinen Hundeklatsch beteiligen. Ab und zu hat man es auch mit unerfahrenen Neuzugängen zu tun, die, rechtzeitig angepöbelt, gleich wissen, wo hier der Hammer hängt.

Brutus, eine sabbernde Englische Bulldogge, der man einen Strickpulli übergezogen hatte, war so ein dankbares Opfer. Rund gefüttert wie eine Robbe keuchte er mit einem doppelt gemoppelt wattierten Komfortgeschirr aus weichem Rehleder und verchromten Beschlägen im behäbigen Schlapptrab an der Leine seines Frauchens. Sie war unverkennbar eine Schönwetter-Gassigängerin in Reithose und gewichsten Reitstiefeln. Brutus grinste mich an. Ich hielt es zumindest für ein ziemlich freches Grinsen. Bei den Gesichtszügen dieser Artgenossen wusste man nie so genau, was dahintersteckte. Jedenfalls lief ich vorsichtshalber sofort zu ihm. Habe ihm bellend klargemacht, dass es hier nichts zu grinsen gäbe und dieser Wald ohnehin zum erweiterten Vorgarten meines Zweibeiners gehören würde. Die anderen Hunde wären nur geduldet und er müsse sich erst noch ein Bleiberecht verdienen.

Brutus verstand auch sofort, legte sich platt auf den Rücken und winselte butterweich, er sei völlig unschuldig. Sein Frauchen trage die Verantwortung, er hätte, so angeleint wie er war, ja keine andere Wahl gehabt. *So einer bist du also*, dachte ich mir. *Ein Weichei, das hilflos den Marotten seiner Besitzerin ausgeliefert ist.*

Besagte Person hatte sich unterdessen von ihrem ersten Schreck nach meiner deutlichen Ansprache erholt. Die Stadttussi machte einen auf oberwichtig und rief im Einklang zur Haarfarbe mit hochrotem Gesicht in Richtung meines menschlichen Begleiters: »Nehmen Sie sofort Ihren Hund an die Leine. Der ist ja gemeingefährlich.«

»Der Hund ist eine Sie und völlig harmlos«, rief Gernot, mein Zweibeiner, während er schnellen Schrittes auf uns zusteuerte.

*Das ist aber eine gewagte gedankliche Kombination*, ging es mir durch den Kopf. Hielt er etwa weibliche Hunde geschlechtsbedingt für ungefährlicher als Rüden? Habe Brutus Frauchen erst einmal wirkungsvoll angeknurrt, um diesen Eindruck zu korrigieren. Gernot hatte dann alle Mühe, die Frau erneut zu beruhigen.

Während er entschuldigend rumrhabarberte, vertraute mir Brutus seinen Kummer an. Frauchen war mit ihm erst vor wenigen Wochen hierher gezogen. Er hatte keinen zum Spielen, durfte nicht frei rumlaufen, zu Hause war nur rumsitzen angesagt und ab und zu durfte er an der Leine Gassi gehen. Im Strickpulli. Das einzige Vergnügen in seinem Leben war Fressen. Ich glaube, er war frustriert. Habe mich dann gleich mit ihm für den kommenden Tag verabredet. Wollte ihn stimmungsmäßig etwas aufpäppeln. Mal sehen, ob es klappt und sein Frauchen mitspielt.

Offenbar wäre das meinem Gernot sogar sehr recht. Die beiden Zweibeiner redeten mittlerweile leutselig miteinander und setzten den Gassigang gemeinsam fort. Vielleicht machte meinem Zweibeiner das Alleinsein nach der Trennung von seiner Partnerin doch zu schaffen? War er etwa mit mir nicht ausgelastet?

Brutus unterbrach meine Überlegung und fragte mich, wer ich denn sei und wie es mir denn so gehe.

»Mein Name ist Chaka, und den Hundehimmel auf Erden habe ich auch nicht«, antwortete ich und fuhr fort: »Mein Dosenöffner hat wenig Ahnung von Hunden und so gut wie keine Vorstellung von der komplexen Gefühlswelt eines Rhodesian Ridgebacks, will aber gleichwohl das Kommando führen.«

»Sind das nicht die afrikanischen Hunde, die mit Löwen kämpfen?«, fragte Brutus respektvoll.

»Nicht direkt«, wiegelte ich ab. »Einen Löwen habe ich selbst noch nie gesehen, und meine Vorfahren haben die auch nur gestellt, gekämpft haben dann die Zweibeiner mit ihnen«, ergänzte ich einschränkend. »Dafür habe ich aber bis zu meinen Urahnen einen Stammbaum, der länger ist als das Flensburger Verkehrssündenregister meines Zweibeiners«, fügte ich schnell hinzu, bevor meine Bescheidenheit überhandnehmen konnte.

Unsere kleine Gruppe war zu einer Stelle im Hundewald gelangt, wo man sich wieder trennte. Brutus trottete mit seinem Frauchen, die von anderen Zweibeinern Ingrid genannt wurde und als Arzthelferin arbeitete, nach Hause. Ich kannte meinen Leinenhalter lange genug, um zu wissen, dass er nach meiner Attacke auf Brutus nebst Frauchen eigentlich verstimmt sein müsste. Er schreitet halt oft aus, wenn er einschreitet. Aber große Überraschung: Er war es nicht. Da habe ich noch mal Glück gehabt. Er schien vielmehr durch das unvermittelte Geplauder mit der Reithose sogar in guter Stimmung zu sein. Dies sollte sich auf dem weiteren Rückweg nach Hause für mich noch angenehm auswirken.

## Kapitel 2
## Der Ochsenziemer ist schuld

Ich bin ja das, was die Menschen gemeinhin einen Stadthund nennen. Einer, der in geschlossenen Wohnungen aufwächst, wo du als Hund nicht einfach mal rausgehen kannst, um rumzuschnüffeln, zu pinkeln oder Hasen zu jagen. Als Stadthund lebst du das Leben eines Gefängnisinsassen, der mit seinem menschlichen Wärter nur in Begleitung auf Freigang darf und dann meist mit Leine. Umso wichtiger ist es, sich die kleinen Freiheiten zu erhalten oder besser noch, diese nach und nach durch eine kluge Erziehung seines Zweibeiners zu erweitern. Wenn du als Hund zulässt, dass er als Chef auftritt, wird er den Larry mit dir machen.

In den knapp zwei Jahren, in denen ich mit meinem Zweibeiner Gernot zusammen wohne, handelte ich nach dem Grundsatz: Wehret den Anfängen. So habe ich zum Beispiel geschlossene Türen in unserer Wohnung von Anfang an nicht zugelassen. War ein Zimmer mal für mich nicht zugänglich, stellte ich mich auf die Hinterbeine und hämmerte mit meinen Vorderpfoten gegen die Tür. Meist hat das schon gereicht und mir wurde geöffnet. In schwierigeren Fällen half auch ein verschärftes Kratzen an der Tür oder – falls man auf dem Boden bessere Spuren hinterlässt – auf dem Parkett. Nur der unbeschränkte Zutritt in alle Räumlichkeiten ermöglicht mir die volle Kontrolle in der gemeinsamen Behausung. Schließlich bin ich für die Sicherheit verantwortlich und muss als Hund wissen, wer wo was macht.

Dies beginnt mit dem Schellen an der Wohnungstür, wenn sich ein fremder Besucher ankündigt. Gernot springt dann geschwind auf, um schnurstracks zur Tür zu laufen, auch wenn er gerade bei seiner Lieblingsbeschäftigung – dem Kochen – ist. Das zeigt mir als klugen Hund, dass etwas Wichtiges passiert, etwas, was mich also angeht. Ich laufe daher umgehend bellend zur Tür, damit mein Zweibeiner diese öffnet, um dann kritisch zu entscheiden, ob der Ruhestörer hereindarf. Wenn ich den nicht kenne, knurre ich ihn vorsorglich an. Den besten Erfolg habe ich bei seltsam gekleideten Menschen in gelber Uniform. Die flüchten dann so schnell, dass sie sogar Pakete – wohl aus Besänftigungsgründen – dalassen, nur um ungeschoren davonzukommen. Seltsamerweise ist dieser Besuchertyp sehr hartnäckig. Er wird es in den Folgetagen wieder und wieder versuchen. Wenn ich den Besucher kenne und er zudem noch eine wohlschmeckende Maut mitbringt – in Wurstwasser eingelegte Wildschweinstücken sind gerne gesehen –, darf er zumeist rein. Trotzdem behalte ich ihn während seines Aufenthaltes bei uns vorsichtshalber im Auge und folge ihm überall hin. Besondere Aktionen meinerseits sind dabei gar nicht erforderlich. Sollte er zum Beispiel die Toilette aufsuchen, reicht es völlig aus, wenn ich nur dasitze und ihn anstarre.

Beim Läuten des Telefons stellt sich die Situation etwas anders dar. Da kommt niemand zu uns, sondern Gernot redet mit einem Gegenstand, der entfernt wie ein Knochen ausschaut. Wenn ich dann belle, geschieht etwas

Wunderbares: Mein Zweibeiner wirft mir die besten Leckerlis zu, die es in unserem gemeinsamen Haushalt gibt. Natürlich habe ich den Dreh längst raus und weiß, dass die Kunst darin besteht, das Bellen richtig zu dosieren. Dann ist als Lohn für mein gemäßigtes Wohlverhalten ein stetiger Zufluss an Keksen gewährleistet. Wenn ich es hingegen mit Bellen übertreibe, ist das Telefonat schnell beendet und statt weiterer Leckerlis gibt es einen deftigen Rüffel der besonderen Art.

Einmal in der Woche ist meine Aufmerksamkeit in besonderer Weise gefordert. Dann versuche ich, leider stets vergeblich, einen Diebstahl der gemeinsten Art zu verhindern. Frech wie Graf Koks von der Gasanstalt entwenden zwei schäbig gekleidete Wiederholungstäter unsere in einer grauen Plastiktonne außer Haus gelagerten Lebensmittelvorräte. Ich verstehe nicht, wie Gernot dies zulassen kann. Vielleicht handelt es sich um eine Form von Schutzgeldzahlung, in jedem Falle ist es schwerer Mundraub.

Auf dem Rückweg von unserem morgentlichen Spaziergang, bei dem ich Brutus kennenlernte, machte mein Gebieter einen kleinen Umweg und kehrte beim hiesigen Metzger ein. Gernot erwartete am Abend zwei Freunde zu Besuch, die er bekochen wollte. Ein solcher Einkauf zeigt einmal mehr, wie wir Hunde diskriminiert werden. Dort, wo es am besten riecht, müssen wir draußen bleiben. An einem Fahrradständer angebunden, tropfte mir bei der Betrachtung der im Schaufenster gesammelten Leckereien der Sabber aus dem Maul. Schwach konnte ich Gernots Stimme hören, der nach drei Martinsganskeulen fragte. *Unverschämtheit,* dachte ich. *Nur drei?* Für mich war also wieder nichts dabei. Ich würde wieder das dämliche Trockenfutter kriegen und könnte froh sein, wenn das MHD nicht abgelaufen ist.

Gernot kaufte im Laden noch ein Stück feine Leberwurst und eine Lage Serano-Schinken, bevor er in einer seiner seltenen fürsorglichen Anwandlungen fragte: »Haben Sie irgendetwas Leckeres für meinen Hund da draußen?« Die stämmige Verkäuferin schaute mich durch die Fensterscheibe mit einem fachmännischen Blick an und meinte: »Das ist ja ein Prachtexemplar von einem Ridgeback. Für den habe ich etwas ganz Besonderes, einen Ochsenziemer.« Sie bückte sich und holte unterhalb des Tresens ein längliches Irgendwas hervor.

»Ich weiß nicht«, antwortete Gernot unsicher. »Es sollte schon was Besseres sein, nicht nur ein Kuhschwanz.«

»Kuhschwanz«, wiederholte die Metzgerin und lief leicht rot an, »da liegen sie aber bestenfalls umgangssprachlich richtig. Das ist ein Bullenpenis! Mindestens ein Meter zehn lang.«

Zwei Kundinnen hinter Gernot schmunzelten, sahen sich vielsagend an und schwiegen mit allergrößter Mühe.

Gernots verlegenes Gesicht zeigte leichte Zuckungen und sein körperlicher Schmerz war ihm anzusehen, als die Metzgersfrau mit dem Beil in der Hand fragte: »Soll ich

Ihnen den kleinhacken, für eine Mahlzeit ist der wohl zu lang?«

Ich kenne meinen Leinenhalter so gut, dass ich seine Gedanken förmlich hören konnte. *Was kaufe ich da nur? Wird meine Radaurassel, die speichelnd von draußen das Geschehen beobachtet und wedelt, was die Rute hergibt, durch den animalischen Geschmack zum unberechenbaren Testosteronspeicher? Zu einer Klamaukmaus, die doch jetzt schon alles verkloppt, was vier Beine und sich nicht bei drei auf den Baum gerettet hat? Wird vielleicht der Wechsel zu einer neuen toleranten Haftpflichtversicherung ohne Selbstbeteiligung erforderlich und darf sie künftig nur noch mit verstärktem Maulkorb und doppelt gesicherter Hundeleine aus Polypropylen zu unüblichen Gassizeiten das Haus verlassen?*

Die Metzgersfrau wartete immer noch mit erhobenem Hackebeil auf Antwort und riss Gernot aus seinem Albtraum. »Ich zerkleinere das mal«, meinte sie dann resolut. »Dann ist der Transport auch unauffälliger.«

»Da wäre ich gerne dabei gewesen«, feixte Peter, als mein Zweibeiner abends beim Martinsgansessen mit ihm und seinem anderen Freund Klaus von dem Erlebnis im Metzgerladen erzählte. Klaus ist ein sechsundvierzig Jahre alter zerstreuter Universitätsdozent, und der gleichaltrige Peter betreibt eine kundenverträgliche Versicherungsagentur. Die Zweibeiner treffen sich alle paar Wochen zum abwechselnden Bekochen, um im gemütlichen Dreierkreis das zu tun, was man am Stammtisch gemeinhin bei Bier und Schnaps zu erledigen pflegt. Die aktuellen Probleme der kommunalen und globalen Politik lösen, viel meckern und über die Niederungen der Hundeerziehung palavern.

Herrchen hatte mir ein ordentliches Stück von dem portionsgerecht zerhackten Bullenpenis gegeben, den ich genügend eingespeichelt hatte und nun mit großem Einsatz der Zähne zerkleinerte. Ein lieblicher Geruch, so eine Mischung aus alter Gülle und frischem Kuhfladen, waberte aus meinem Hundekörbchen, machte sich im gesamten Wohnzimmer breit und versuchte, im benachbarten Esszimmer mit den Düften von Gänsekeule, Maronen, Rotkohl und Semmelknödeln anzubändeln.

»Die Gänsekeulen riechen aber speziell«, argwöhnte Klaus dann auch und probierte vorsichtig einen ersten Bissen.

»Das Fleisch ist schon in Ordnung«, befand Peter kauend, dem der störende Geruch als langjährigen Hundehalter und Besitzer eines Dalmatiners bekannt vorkam. Sich an Gernot wendend meinte er: »Das ist dein Ochsenschwanz.«

In meinem Körbchen liegend drang mir der letzte Satz ans Ohr. Sein Ochsenschwanz? Von wegen! *Jetzt muss ich aufpassen*, dachte ich mir. Jeder Zweibeiner sollte eigentlich wissen, dass man einem Hund seine Beute nicht wegnimmt. Wir werden dann echt zum Tier. Leider gehört mein Zweibeiner nicht gerade zu den hellsten Kerzen auf der Torte und hat womöglich von diesem

Grundgesetz in der Hundewelt noch nichts gehört. Zudem verkehrte er mit Freunden, deren argloser Umgang mit Vierbeinern, wie ich argwohnte, durch wenig fundiertes Wissen getrübt war. Jetzt musste ich möglicherweise meinen neuen Lieblingsknochen verteidigen. Gegen drei Zweibeiner standen meine Chancen allerdings nicht gut. Getreu dem Motto: Nur die Dummen sind mutig, war jetzt ein gezielter Rückzug angeraten. Gedacht, getan. Ebenso schnell wie geräuschlos verließ ich daher mein Körbchen nebst Ochsenziemer und suchte mir ein sicheres Versteck: in der hintersten Ecke unter dem Bett meines Zweibeiners.

Währenddessen hatte die Männerrunde, allesamt Junggesellen, die mit Bullenpenisgeruch gewürzten Gänsekeulen genüsslich verspeist. Das Thema Ochsenziemer war noch nicht vom Tisch.

»Im Internet habe ich mal recherchiert. Ihr glaubt ja nicht, was für vielfältige Verwendungsmöglichkeiten ein Geschlechtsteil haben kann«, ließ Gernot die Runde wissen.

»Was soll es denn da noch geben, außer Poppen und Pieseln?«, fragte Peter interessiert.

»Ein gedörrter Ochsenpenis ist außerordentlich elastisch und widerstandsfähig und wurde früher als Baumaterial bei Holzschiffen und auch heute noch gelegentlich als Peitsche bei Pferderennen eingesetzt. Es soll sogar Wirte geben, die einen Ochsenziemer griffbereit halten, um sich gegen betrunkene Randalierer wehren zu können«, fasste Gernot sein frisch erworbenes Wissen zusammen und zündete sich seine gestopfte Nach-dem-Abendessen-Pfeife an.

»Dann pass nur auf, dass du beim alten Kortmann nach dem siebten Bier keine allzu große Lippe riskierst«, warf Klaus ein, »sonst holt der womöglich so ein archaisches Folterinstrument aus der Versenkung.«

Unter Herrchens Bett liegend, behandelte ich derweil den Ochsenziemer nach dem Grundsatz: Fressen ist ein Bedürfnis, Genuss ein Geschenk. Mein Leinenführer zeigte manchmal auch echt gute Seiten. So dürfte ein zufriedenes Hundeleben aussehen. Endlich hatte ich einen Knochen, dessen Konsistenz, Geschmack und Geruch mir zusagte. Wehe, Herrchen kommt mir noch mal mit diesen plastikähnlichen veganen Industrieprodukten, die so reizlos sind wie das Testbild beim Fernsehen. Ich habe mir genau die Stelle gemerkt, wo die stämmige Frau mit dem Hackebeil wohnt. Wir werden Kauknochen nur noch dort einkaufen.

# Kapitel 3
## Sammelleidenschaft und Plastiktüten

Durch das Nagen am Knochen unter dem Bett war ich müde geworden und schlief dort ein. Ich träumte von meiner Kindheit bei Herrn Krumbein, einem pensionierten Briefträger der Deutschen Post, der in Hamminkeln wohnte und stets die Mütze eines Zugführers der Bundesbahn trug. Nach seinem Ausscheiden aus dem aktiven Dienst widmete er sich zwei Hobbies: Der Ridgeback-Zucht und seiner Modelleisenbahn. Das füllte ihn so aus, dass er die Ehefrau an seiner Seite vergaß. Die revanchierte sich dann eines Tages und vergaß von einem Besuch bei ihrer Schwester in Immenstaad am Bodensee zurückzukommen.

Herr Krumbein konnte sich somit umso intensiver seinen Lieblingsbeschäftigungen zuwenden. Insbesondere die Modelleisenbahn profitierte von der Abwesenheit Frau Krumbeins. Sie legte ein ungeahntes Wachstum in neue Streckenverbindungen vor und eroberte das Wohnzimmer, da der bisher genutzte Kellerraum eine solche Expansion nicht verkraftet hätte. Dieser wurde nun zur Reparatur- und Instandsetzungszentrale umgewidmet. Das neue Streckennetz breitete sich allerdings auf Kosten des Lebensraums seiner Ridgeback Hündin mit ihren neun Welpen aus. Der Welpenkiste im Wohnzimmer kamen schnellfahrende Fernzüge, gemütliche, aber laute Nahverkehrslokomotiven, die Dampf ablassen konnten, und schwerfällige Transportwaggons bedenklich nahe. Zudem wurde das Wohnzimmer von einem Rattern, Brummen und Pfeifen erfüllt, das man sonst nur in größeren Hauptbahnhöfen während der Ferienzeit erleben kann. Stellten wir in der Welpenkiste lebenden Kleinen unsere Vorderpfoten auf den Kistenrand, so sahen wir nicht nur ausgefallene Bahntechnik vom Feinsten, wir konnten unseren Blick zudem über die perfekte Miniaturwelt einer westfälischen Kleinstadt schweifen lassen. Selbst an einen Park mit Hundefreilaufgebiet hatte Herr Krumbein gedacht. Gestaltung und Illumination dieses Mikrokosmos glichen einer Filmkulisse.

Es wäre nun geradezu fahrlässig gewesen, würde man behaupten, die wenige Wochen alten Welpen wären artgerecht gehalten worden. Herr Krumbein sah dies allerdings völlig anders. Er hob gegenüber den Kaufinteressenten hervor, dass seine Welpen schon viele Seiten des urbanen Lebens kennen würden, was sich ansonsten ein junger Stadthund erst noch mühsam aneignen müsste. Nur mit dem Gassigehen gab es noch Probleme. Obwohl der ehemalige briefaustragende Möchtegernzugführer selbst zweimal pro Nacht das Klo aufsuchen musste, vergaß er oftmals, dass wir Welpen das gleiche Bedürfnis hatten. Er hatte auch kein Verständnis dafür, dass ich eines Nachts, als Ersatz für den nicht stattgefundenen abendlichen Gassigang, die Wiese in der Parkanlage der Miniatureisenbahn flutete. Richtig wütend wurde er jedoch am nächsten Morgen nach planmäßiger Abfahrt des Transportzugs um 8.17 Uhr, als er einen unfachmännisch beladenen Waggonkipper entdeckte, der seine dickflüssige Ladung kontinuierlich verlor. Es tat mir ja auch wirklich leid. Ich hatte halt Durchfall und die Ladefläche nicht richtig getroffen. Aus lauter Angst hatte ich mich die ganze Nacht in der hintersten Ecke seiner Miniaturwelt versteckt. Natürlich fand er mich trotzdem und schrie mich an: »Komm da raus!«

Sofort war ich wach, hörte aber immer noch: »Komm da raus!« Mir wurde klar, es war nicht die Stimme von Herrn Krumbein, sondern die meines Zweibeiners. »Komm, beweg' dich mal aus deinem Versteck, wir gehen noch mal kurz in den Garten zum Pieseln.«

Ich war froh, dass der Albtraum mit Herrn Krumbein ein Ende hatte und mein Zweibeiner so fürsorglich war. Sonst hätte möglicherweise nachts die Blase gedrückt. Schnell kroch ich unter seinem Bett hervor, erledigte im Garten mein Geschäft zwischen zwei Sträuchern, lief ins Haus zurück und kuschelte mich in mein Körbchen.

Ich konnte jedoch nicht gleich einschlafen und musste wieder an meine Welpenzeit denken – genauer: an den Tag, als Gernot mich das erste Mal bei Herrn Krumbein besuchte. Es war natürlich an einem Samstag. Welpen werden immer samstags von Kaufinteressenten besucht, um dann gegebenenfalls wenige Wochen später, natürlich auch an einem Samstag, abgeholt zu werden. Meist rücken ganze Familien mit Scharen von Kindern an – was noch mehr Unruhe bedeutet. Vereinzelt kommen auch Singles. Die weiblichen unter ihnen interessieren sich mitunter mehr für die Accessoires als für die Hunde selbst. Billighalsbänder und schäbige Kunststoffleinen sind ihnen peinlich. Sie bevorzugen italienisches Design und eine farblich abgestimmte Kollektion zu ihrer Kleidung. Ein mit Krokodil- oder Schlangenleder verziertes Zubehör entwickelt seine wahre Schönheit erst mit teuren Silberapplikationen. Diese Klientel kann dann unaufdringlich ihre besondere Wertschätzung für ihren Vierbeiner beweisen. Und das, bevor der Hund überhaupt gekauft wurde.

Die männlichen Singles kann man unterteilen in solche, die sich sehr genau über einzelne Rassen informiert und sogar Gespräche mit anderen Hundehaltern geführt haben. Ihr Interesse beschränkt sich allerdings nicht darauf, welche Eigenschaften die jeweilige Rasse hat, wichtig ist ihnen auch, welche Wirkung der Hund beim weiblichen Geschlecht erzielt. Sprich: wie hoch der Flirtfaktor sein wird.

Die andere Gruppe von männlichen Singles hat sich vor nicht allzu langer Zeit von der Partnerin getrennt. Diese Männer interessieren sich nicht eine Sekunde lang für irgendwelche Eigenschaften von speziellen Rassen. Sie lesen auch keine Bücher über Hunde. Sie halten deren Autoren nur für Halsabschneider und deren Leser für Menschen mit begrenzter Erkenntnisfähigkeit. So gehen sie der Gefahr aus dem Weg, ihr fundiertes Unwissen durch die eine oder andere Fachinformation zu verwässern. Wenn es dennoch unbedingt ein Hundebuch sein soll, nehmen sie eines der ganz billigen. Deren Schreiberlinge wissen auch nicht weniger als die geldgierigen Hundebuch-Literaten und sind sicherlich über jeden kleinen Zuwachs ihres Einkommens dankbar. So schlagen sie gleich zwei Fliegen mit einer Klappe: Sie erwerben ein literarisches Schnäppchen und tun etwas für ihr soziales Gewissen. Diese männliche Single-Gruppe orientiert sich beim Welpenkauf danach, was gefällt und handelt im Übrigen nach der Devise: Kein Hund kann so zickig sein wie meine Ex. Mein Zweibeiner ist dieser Kategorie zuzuordnen.

Unbelastet von Erfahrungen mit Hunden fand er im Internet in Gestalt von Herrn Krumbein einen Züchter, der nicht zu weit entfernt von Münster wohnte, der Welpen zum Verkauf anbot, die nicht zu groß, nicht zu klein, nicht zu teuer waren und die nett aussahen. Herr Krumbein und mein neuer zukünftiger Gebieter wurden schnell handelseinig, als würde man ein Pfund Mett, halb und halb, beim Metzger kaufen. Zwei Wochen später holte er mich ab. Gernot hatte bei seinen Auswahlkriterien allerdings einen Punkt vergessen. Das neue Mitglied der künftigen Mini-WG sollte einen nicht zu empfindlichen Magen haben. Hatte es aber. Gernot erreichte diese Erkenntnis auf der Rückfahrt nach fünf Minuten im Auto und der zweiten neunzig Grad Kurve. Ein seltsames Würgen und ein saurer Geruch drangen ihm ans Ohr und in die Nase. Mir war das sehr unangenehm. Damit die Transportbox nicht versaut und das Malheur nicht zu offensichtlich wurde, versuchte ich als ängstlicher Welpe, den dünnen Brei in den Ritzen des Beifahrersitzes unterzubringen. Der Fleck führte in den nachfolgenden Wochen zu mancherlei Irritationen bei Gernots Beifahrern und Beifahrerinnen.

Während der Fahrt schlief ich nur wenig. Für ein längeres Nickerchen war ich zu aufgeregt und neugierig auf mein neues Zuhause. Mein künftiges Herrchen hatte mich bei seinen Besuchen dermaßen glückbeseelt angeschaut, am Rücken gekrault und Süßholz raspelnd auf mich eingeflötet – mit: »Wen haben wir denn da?« (einen Ridgeback-Welpen, was denn sonst?) und »Ja, wo ist er denn?« (nein, sie, direkt vor dir, guck doch hin) –, dass ich nicht weniger als das Hundeparadies auf Wolke sieben erwartete. Natürlich hatte ich mir auch eine entsprechende Ankunft mit einem Willkommensständchen durch den gemischten Nachbarschaftschor, begleitet von Fanfare, Trommelwirbel und Feuerwerk vorgestellt. Und auch, dass täglich wechselnde Menüs, jede Menge Spielzeug und ein höhenverstellbarer Napf, damit ich keine Haltungsschäden beim Fressen bekomme, den künftigen Alltag bereichern.

Die Realität sah bescheidener aus. Das Futter war das gleiche wie bisher. Gernot hatte einen Sack Welpenfutter von Herrn Krumbein mitgenommen, damit »die Kleine sich nicht direkt umstellen muss«. Das Spielzeug war eine graue Ratte, fast so groß wie ich. Sie quiekte noch nicht mal, wenn ich hineinbiss. Der Napf war zwar meiner Größe entsprechend, rutschte aber beim Fressen über den Boden wie beim Eisstockschießen. Absolut unmöglich war jedoch das Hundekörbchen. Es roch nach nichts und besaß eine hohe Umrandung, sodass man, war man denn einmal hineingekommen, von der übrigen Welt kaum etwas mitbekam. Habe mir daher sofort die Couch als Ruheplatz ausgesucht. Da hat man wenigstens den Überblick über sein neues Reich. Um dieses zu erkunden, wieselte ich durch alle Zimmer, beschnüffelte die auf dem Boden stehenden Gegenstände und inspizierte sämtliche

Ecken. Es roch alles ziemlich steril. Aber immerhin, mir kamen keine fauchenden Dampfloks entgegen und ich hörte auch nicht die schreiende Stimme von Herrn Krumbein, die rief: »Lass das sein.«

Das Interessanteste befand sich außerhalb unserer Behausung. Durch die ebenerdigen Terrassenfenster sah ich einen Garten mit zwei großen Bäumen, vielen Sträuchern und noch mehr Pflanzen, Blumen und Grashalmen, die auf mich warteten.

Zuerst befand Gernot allerdings, sollte ich meinen Magen wieder auffüllen. Ich durfte zur Feier des Einzugs so viel fressen, wie ich wollte und wurde dann in den Garten gelassen. Mein Zweibeiner war auch richtig stolz, mir alles zeigen zu können und hat schön mit mir gespielt. Nach einer Weile hatte ich das Gefühl, dass er offensichtlich etwas Bestimmtes von mir erwartete. Machte dann aber eine verdrießliche Miene, als es geschafft war. Dabei wollte ich nur aufmerksam sein. Habe meinen Kackhaufen auf der Matte direkt vor der Terrassentür abgeseilt, damit er nicht lange danach suchen musste.

Für einen Hund gibt es ja viele Sachen, die man bei den Zweibeinern nicht versteht. Dazu gehört ganz gewiss der nicht unwichtige Bereich des Kackens und Pinkelns. Mir ist bis heute noch nicht verständlich, warum die Menschen diese Geschäfte im Haus erledigen. Kein erwachsener Hund käme auf die Idee, sich in seiner Höhle zu erleichtern. Er läuft vielmehr nach draußen, sucht sich in seinem Revier einen geeigneten Platz, den er gerne des Öfteren benutzt und drückt raus, was so alles in der Pipeline steckt. Egal wie man es als Hund macht, es ist immer falsch. Orientiert man sich an den Zweibeinern und seilt in geschlossenen Räumen ab, ist die Empörung groß. Die Menschen machen dabei auch keinen Unterschied, ob der Haufen diskret versteckt hinter einem Pflanzentopf oder gut sichtbar auf dem hellen Flauschteppich platziert wird. Leert man seinen Darm im Freien, dann ist das offensichtlich auch nicht richtig. Mit einem keimfreien Plastikbeutel, wahlweise in rot oder schwarz, wird unsere Hinterlassenschaft nämlich eifrig aufgesammelt, luftdicht verknotet und irgendwo sicher deponiert, als handelte es sich um eine besonders teure Sorte dunklen französischen Trüffels aus Burgund.

# KAPITEL 4
## LEINENHALTUNG – WAS SOLL DAS?

Aufstehen, du faule Trulla«, hörte ich die Stimme meines Zweibeiners. Er stand mit der Leine in der Hand an der Wohnungstür und wartete auf mich. Nach der anstrengenden Nacht mit dem Ochsenziemer und den albtraumähnlichen Erinnerungen an meine Zeit als Welpe hatte ich nach dem morgentlichen ersten Lösen ein ausführliches Nickerchen gehalten. Nun stand der obligatorische Mittagsspaziergang am Aasee an, bei dem wir – wie so oft – Peter aus der Kochrunde mit seinem Dalmatiner Jumper treffen würden.

Draußen nieselte es und die Herbstdepressionen tropften auf den Boden. Kein Wetter, um den Alltag wegzuspazieren und die Seele zu lüften. Kein Ridgeback mag so ein Wetter. Hundeherrchen auch nicht. Entsprechend war unsere Laune. Der Aasee im Südwesten von Münster ist ein Naherholungsgebiet, in dem sich Jogger, Fahrradfahrer und Hundebesitzer ein Stelldichein geben – in dem unsereins sogar offiziell ohne Leine laufen darf.

Der Name Aasee ist übrigens ziemlich irreführend. Als ich vor einigen Monaten dort zum ersten Mal war und mein großes Geschäft, dem Namen des Sees entsprechend, ins Wasser versenkte, suchte ich anschließend vergeblich nach dem ›Pippisee‹. Gab es natürlich nicht, wäre aber logisch gewesen.

Peter wartete mit Jumper bereits auf dem Parkplatz vor dem Mühlenhof-Freiluftmuseum. Jumper hatte mit seinen 18 Monaten ungefähr meine Konfektionsgröße. Bis unters Schädeldach gefüllt mit Adrenalin, ploppte eine Idee nach der anderen in seinem Hirn auf, die seinen Besitzer in den Wahnsinn trieben. Die gemeinsamen Ausläufe bargen daher immer Überraschungspotenzial. Zusammen bildeten wir ein unschlagbares Team. Wenn wir am Aasee waren, herrschte dort Ausnahmezustand. Man kannte und fürchtete uns. Da wir immer zur gleichen Zeit – mittags um zwölf – unsere Runde um den See machten, hatten sich bald die ganz zart besaiteten Zwei- und Vierbeiner einen anderen zeitlichen Rhythmus zugelegt. Nur die unerschrockenen, sozial inkompetenten Hunde waren geblieben. Ab und zu waren auch ahnungslose Neulinge zu sehen. Jumper und ich kamen erst einmal an die Leine. Bis zu den Wiesen würde man zu viele Fahrradfahrer treffen, um deren Gesundheit man ansonsten fürchten musste. Nebeneinander trottend, unsere Zweibeiner im Schlepptau, berichtete ich Jumper von meinen kulinarischen Neuigkeiten.

»Wenn der Ochsenziemer für die Zweibeiner so unangenehm streng riecht«, überlegte Jumper, »kann Peter, falls er mir auch so etwas spendiert, ja so lange, wie ich den auffresse, unsere Wohnung verlassen«.

»Klar, oder in Urlaub fahren«, erwiderte ich.

Unsere Zweibeiner befanden derweil einmal mehr, dass wir das Kommando ›bei Fuß‹ zu liberal auslegten. Ohnehin sind wir aber der Meinung, dass Beifuß ein Küchenkraut und kein Kommando für Hunde ist. Jedenfalls zogen wir, was das Zeug hielt und die Leinen waren mindestens so angespannt wie die Mienen unserer

Leinenhalter. Das Thema Leinenführigkeit in der Hunde-erziehung ist unter unseren Artgenossen so vergiftet wie die Felder von Seveso. Wenn schon Leinenführung, dann sollte die Leine gespannt und nicht locker sein. Woher soll der Leinenhalter denn sonst wissen, wo ich als Hund hin-will? Und vor allem die etwas größeren Artgenossen soll-ten schon aus gesundheitlichen Gründen ständig ziehen. Denn dadurch stärken sie ihre Hinterläufe und die Mus-kulatur ihres Rückens. Das beugt altersbedingten Gelenk-schäden vor und erleichtert das Treppensteigen. Außer-dem hat es auch etwas Gutes für die Leinenhalter: Die kriegen mit der Zeit Oberarme wie Muhammad Ali. Und das ohne jegliches Boxen.

Das Thema ›Hund und Leine‹ ist bei den meisten Hunde-haltern allgegenwärtig. Zweibeinige Hundeprofis halten da einen ganzen Katalog an Vorschlägen bereit, wie man als Vierbeiner das Laufen an der Leine lernt. Hier nur eine kleine Auswahl der Erziehungstipps für Hundehalter:

- In die entgegengesetzte Richtung laufen.
- Sofort stehen bleiben.
- Massiv an der Leine ruckeln.
- Ein Geschirr statt eines Halsbands verwenden.

Vierbeinige Hundeprofis haben da noch weitere Ideen wie:

- Mit Leckerlis arbeiten.
- Mit besonders leckeren Leckerlis arbeiten.
- Einfach genauso schnell laufen wie der Hund.

Mittlerweile hatten wir den See erreicht. Die Luft war geschwängert vom Regendunst und der Mulchboden des Weges murrte unter den Sohlen unserer zweibeinigen Begleiter. Jumper schaltete direkt nach dem Ableinen den Krawallmodus ein und wetterte los, weil ein angeleinter fremder Hund nebst Herrchen im roten Anorak auf einem Fahrrad es gewagt hatte, das Wiesengebiet in Sichtweite zu betreten. Ich hinterher. Einen Kondensstreifen später ahnten unsere Zweibeiner, dass der Mittagsspaziergang wohl etwas länger dauern würde. Zuerst standen beide da wie Hein Doof und setzten sich dann in Bewegung, um die Dinge besser sehen zu können, die sich zu entwickeln begannen. Aber sie machten gar nicht erst den Versuch, uns zurückzurufen.

Schon aus der Entfernung rochen wir, wie dem Labradoodlerüden die Angst in die Birne schoss. Übrigens: Labradoodles werden als nichthaarende Hunde an Allergiker verkauft. Sie sind jedoch keine Pudel aus Labrador, sondern eine Mischung aus Labrador und Pudel. Labradoodles sind intelligent und flink, was unser Exemplar auch demonstrierte. Er raffte sofort, dass es besser war, das Feld zu räumen. Er tat dies auch in einem Affentempo durch eine plötzliche Neunzig-Grad-Kurve, jedoch ohne

Abstimmung mit irgendeinem Allergiker auf dieser Welt. Hundunterstützt verließ der radelnde Allergiker seinen Fahrradsattel mit einem kunstvoll geschraubten Salto und kullerte ins Gras. Dummerweise war die Hundeleine um sein Handgelenk gewickelt, was den flinken Labradoodle allerdings nicht daran hinderte, seine Flucht fortzusetzen. Er zog sein Herrchen ein paar Meter hinter sich her. Die feuchte Wiese wirkte dabei wie ein Geschwindigkeitsbeschleuniger.

Die Tragikomödie spielte sich direkt vor dem eintreffenden Publikum in Gestalt unserer entsetzt herbeigeeilten Zweibeiner ab. Der Umstand, dass es sich um ein Damenfahrrad handelte und somit eine Vasektomie verhindert wurde, trug zur Schadensbegrenzung bei. Auch sonst hatte der Fahrradfahrer nicht nachhaltig gelitten. Am wenigsten seine Stimme. Noch im Gras liegend schrie er Peter und Gernot an: »Leinen Sie sofort Ihre Bestien an, die bedrohen uns.«

*Was?*, dachte ich mir. *Der Kerl hat wohl Kabelbrand in seiner Blackbox.* War ich doch gerade dabei, mit seinem verängstigen Labradoodle ein paar freundliche Worte zu tauschen. Der entspannte sich auch zusehends, blieb ruhig stehen und ließ mich seinen Poppes beschnüffeln. Jumper dagegen bellte sich ab, was die Lunge hergab. So eine Zirkusnummer bekam er nun einmal nicht alle Tage zu Gesicht. Und alles, was ungewöhnlich ist, blafft der erst einmal an.

Peter pfiff ihn zurück und erkundigte sich bei dem fliegenden Allergiker: »Ist was passiert, sind Sie okay?«

Dessen Gesicht nahm beunruhigend die Leuchtfarbe seines Anoraks an. Er sah aus wie die Aufregung zu Pferde. »Ob was passiert ist, fragen Sie? Das sehen Sie doch!«

Er rappelte sich auf und sah an sich hinunter. Die rote Farbe seines Oberteils war auf der Brustseite einem Grasgrün, durchzogen von braunen Streifen – man konnte nur hoffen, dass es Erde war – gewichen. Eine echte sportliche Herausforderung für jede chemische Reinigung. »Das bezahlen Sie«, befand er immer noch aufgebracht, während er seine Glieder überprüfte und feststellte, dass alles noch am richtigen Platz saß.

Der Labradoodle, Jumper und ich verfolgten den Disput mit großem Interesse. Die Zweibeiner sind immer so kompliziert. Ich hatte schon oft erlebt, dass Gernot wegen mir mit anderen Hundehaltern in lautstarke Kommunikation ausbrach. Mir ist das als Hund nur peinlich, zumal ich normalerweise vor dem eigentlichen Zusammentreffen der Zweibeiner bereits alles geregelt habe. Dem Fremdling von Hund mache ich, wie in diesem Falle auch, schon auf Hörweite klar, dass er mit seinem Herrchen den Abflug machen soll. Der andere Zweibeiner lässt dann gerne einige Unfreundlichkeiten gegen Gernot los. Und was macht der? Devot wie ein ängstlicher Welpe findet er immer neue Varianten der Entschuldigung. Wenn er mich doch nur machen lassen würde! Schließlich habe ich die Verantwortung für seine Sicherheit am Hals, und wie gesagt, in solchen Fällen schon alles geregelt.

In diesem Falle war Peter jedoch mit einer passenden Antwort schneller. »Warum fahren Sie hier Fahrrad, wo der

Weg nur für Fußgänger vorgesehen ist, und warum leinen Sie Ihren Hund an? Das hier ist ein Hundefreilaufgebiet.«

Der Angesprochene musste tatsächlich ein Allergiker gewesen sein, denn schnappatmend rang er nach Luft, lief wieder rot an und brachte nur ein »Ah … ah, das ist unerhört. Sie werden noch von mir hören« zustande. Kaum gesagt, nahm er sein Damenrad und radelte maulend davon, seinen Hund immer noch an der Leine haltend.

*Schade*, dachte ich, *die sehen wir bestimmt nicht mehr wieder.* Der Labradoodlerüde roch gar nicht so schlecht.

# Kapitel 5
## Eine Schule für Hundehalter

In der folgenden Nacht träumte ich wieder von meiner Welpenzeit. Zum Glück nicht von Herrn Krumbein, sondern von Frau Strothotte. Mit ihr verbinde ich angenehme Erinnerungen. Sie ist nicht nur ein weiblicher Zweibeiner – ich denke ohnehin, die können sich besser in so sensible Wesen wie Ridgebacks hineinversetzen –, sie ist auch eine ausgebildete Tierpsychologin. Zusätzlich bringt sie den Zweibeinern bei, richtig mit uns umzugehen. Man nennt das gemeinhin Hundeschule, müsste aber eigentlich Hundehalterschule heißen. Schließlich wissen wir Hunde schon von Natur aus alles, was für uns im Leben wichtig ist, ganz im Gegensatz zu den Hundehaltern.

Bequem wie Gernot war, hatte er eine Hundeschule in der Nähe seiner Wohnung ausgesucht. Sie hieß ›Pfotencouch‹ und auch die Internetseite war vielversprechend. Dort hieß es: »Die Tierpsychologin arbeitet nicht direkt mit dem Hund, sondern mit dem Besitzer, der zur Korrektur der unerwünschten Verhaltensweisen in die Arbeit einbezogen wird«, und: »Wir können unseren Hunden einiges beibringen und dabei unendlich viel von ihnen lernen.« Dies gefiel mir. Mein Zweibeiner hatte sich also echt vorgenommen, von meinem Wissen zu profitieren. Als Übungsgelände wurde ein Firmenparkplatz genutzt, der am Wochenende leer stand.

Eines Samstags im Januar, ich war damals drei Monate alt, packte Gernot mich in die Transportbox. Wir fuhren zu unserer ersten Übungseinheit im Welpenkurs. Pünktlich um elf Uhr hieß es: Antreten zur Grundausbildung. Sechs der sieben teilnehmenden Hundehalter waren Männer, was sicher nichts mit der jungen, sehr attraktiven und charmanten Tierpsychologin zu tun hatte. Während wir Welpen – eine bunte Mischung von ›leicht schwachsinnig‹ bis ›schwer erziehbar‹ – schnell raushatten, wer von uns über das ausgeprägteste Krawallpotenzial verfügte, mussten die Zweibeiner erst einmal Theorie büffeln. Auf Klappstühlen im wärmenden Daunenmantel sitzend, hingen sie an den Lippen von Frau Strothotte, die Heidi genannt werden wollte, und erfuhren erst einmal Grundsätzliches:

- Es gibt rund hundert Haushunderassen. Der Grauwolf ist ihr Urahn. Wölfe und Hunde haben so viele Gemeinsamkeiten in der DNA, dass es fast unmöglich ist, sie genetisch voneinander zu unterscheiden.

- Ob reinrassig oder Mischling, Hofhund oder Familienmitglied, ein reinrassiger Hund ist schlicht und einfach ein ganz normaler Hund im ›Designerfell‹. Die wunderschönen reinrassigen Exemplare und die ulkig anzusehenden Mischlinge sind unter dem Fell im Prinzip alle gleich.
- Die wichtigsten Sinnesorgane beim Hund sind: Nase, Augen, Ohren. »In dieser Reihenfolge: Nase, Augen, Ohren«, wiederholte Heidi Strothotte.

- Im Vergleich zum Hund sind die Menschen nasen-technische Analphabeten. Hat die menschliche Nase rund fünf Millionen Geruchsrezeptoren, trumpft der Hund mit bis zu 250 Millionen auf. Ein Hund kann daher am Geruch erkennen, ob ein Artgenosse krank ist oder was dieser gefressen hat, er kann beim Menschen sogar dessen emoti-onalen Zustand, wie zum Beispiel Angst, riechen.

Psycho-Heidi dozierte kompetenzbewusst vor ihrem männlichen Publikum. Die einzige Frau darunter zählte nicht, sie sah ohnehin wie ein Mannweib aus und him-melte Heidi noch mehr an als die männlichen Zweibeiner. Ich balgte mich gerade mit einem schwarzgelockten Pu-del, als ich den Satzfetzen »Angst riechen« hörte. Obwohl der kleine Perserteppich mit seiner Kehle in meinem Fang hing, verströmte er nicht die geringste Duftnote, die ver-riet, dass ihm das unangenehm wäre. Er war wohl clever genug, um zu wissen, dass es bei Welpen eine Bisssperre gibt.

Heidi hatte das Thema gewechselt und zählte gerade die intelligentesten Hunderassen auf: Border-Collie, Pu-del, Schäferhund, Golden Retriever, Dobermann, Sheltie, Labrador Retriever, Pappillon, Australien Sheperd – Pause. Ich wartete, aber die Aufzählung war beendet. Ich konnte es nicht fassen. Pudel waren dabei, Ridgebacks nicht!

Zum Glück war ich in dieser I-Dötzchen-Klasse nicht der Einzige, bei dem die Fransen im Kopf ungebügelt wa-ren. Lulu, der tollpatschig herumwuselnde Bullmastiff, der nach Leibeskräften bemüht war, in sein faltiges Fell hineinzuwachsen, gehörte demnach ebenso wenig zu den Hochintelligenten wie Krümel, der Klobürsten-Border-Terrier, der zu allem Überfluss ein Halsband mit der Aufschrift ›Azubi‹ trug. Auch Rambo, eine Mischung aus Pitbull, irgendwas und Arnold Schwarzenegger, der sich trotz zarter Jugend mit seiner gemütlichen Gangart als lebende Zeitlupenstudie verstand, wirkte wenig intellektuell. Ganz zu schweigen von den beiden Mischlingen Oskar, der sich später in der Hundeschule als der Angeber schlechthin erweisen sollte, und Chili, die verdächtig nach Katze roch. Wahrscheinlich wohnte die in einem gemischten Haushalt.

Als Krümel gerade eine vorlaute Lippe riskierte und Oskar sie ihm hurtig dicker drosch, beantwortete Hundeprofi Heidi Fragen aus dem Publikum. Sie schloss mit einem Ausblick auf das Lernziel des Kurses: Sichere Leinenführung, geduldiges Warten an einem zugewiesenen Ort, auf Signal mit einem beliebigen Verhalten aufhören und ein zuverlässiger Rückruf. Zum Schluss betonte sie den Wert einer guten Hundeerziehung: »Wer ein Jahr geduldig und konsequent ist, wird zwölf Jahre seine Ruhe haben.«

*Hallo*, dachte ich, *da haben sich die Zweibeiner ja einiges vorgenommen.*

Wir räumten schnell den Platz für den nächsten Kurs. Deren Akteure brauchten keinen Vergleich mit unserer Gruppe zu scheuen. Testosteron und Adrenalin schossen denen schon beim Warmlaufen aus den Ohren heraus. Handelte sich wohl um den Rüpelkurs. Bei uns sah das

vergleichsweise mehr nach Friede, Freude, Hundekuchen
aus.

# KAPITEL 6
## LEINENLOS UND HERRCHENFREI

Ich lag im Körbchen, sann über meinen Hunde-schultraum nach, verdaute mein Frühstück und gähnte ausgiebig. Die Morgensonne an diesem November-samstag strahlte ins Wohnzimmer und versprach einen interessanten Tag. Zwar kein Kaiserwetter, wie es Ridge-backs gerne mögen, dafür war es zu kalt, aber es waren keine Wolken in Sicht, die in den vergangenen Tagen viel Regen gebracht hatten.

Gernot telefonierte mit Peter, der übers Wochenende seine Tochter in Braunschweig besuchen wollte. »Dann werde ich heute mit Chaka mal nach Handorf fahren, da ist bestimmt weniger Betrieb als am Aasee«, hörte ich Gernot das Telefonat beenden.

Auch nicht schlecht, dachte ich. Das ehemalige Militär-gelände im Stadtteil Handorf wurde gerne als Hundeaus-lauf genutzt, auch wenn die offiziellen Zweibeiner eine Leinenpflicht vorsahen, die allerdings nur von Bediensteten der Stadt ernst genommen wurde. *Da lerne ich bestimmt neue Kumpels zum Balgen kennen*, freute ich mich schon.

Bis zur Abfahrt dauerte es noch. Zweibeiner sind nicht nur kompliziert, sie verlieren sich auch in Nebensächlich-keiten. Gernot lief in der Wohnung von Pontius zu Pilatus, wuselte hier und wieselte da, um zu guter Letzt seinen wöchentlichen Ringkampf mit einem künstlichen Wesen zu führen. Obwohl es nach nichts roch, hatte es offensichtlich mehr Energie, als meinem Zweibeiner lieb war. Es konnte unendlich lange fauchen und versuchte ständig, Gernot mit seinem langen Rüssel einzufangen. Ich weiß aus Erfahrung, dass er bei diesem Zweikampf seinen Stolz hat und sich nicht helfen lassen will. Zweimal habe ich es versucht und das Gerangel durch ein paar simple Bisse in den Rüssel beendet. Ratet mal, was ich mir eingefangen habe: Weder Bewunderung noch Dank, dafür aber einen Anschiss der feinsten Art. Wollte schon ins Tierheim umziehen, aber man gewöhnt sich ja an vieles.

Endlich, nach einer geschlagenen Stunde, ging es los. Mein Leinenhalter vorne im Auto, ich hinten im Kofferraum des Tiguan. Jeder war für eine Richtung zuständig. Da wir fast nur vorwärtsfuhren, hatte ich wenig zu tun und konnte nach Kollegen Ausschau halten. Wenn ich einen entdeckte, meldete ich das Gernot mit ausgiebigem Knurren oder Bellen. Der fand es höchst überflüssig, dass ich am Verkehr so interessiert teilnahm und rief dann stets sein: »Aus, aus, ist ja gut.« Früher habe ich mich beim Autofahren weniger um das gekümmert, was draußen ablief. Da war das Innenleben dieses fahrbaren Körbchens viel spannender. Die diversen Beißspuren in der Innenraumverkleidung und an den Rücksitzen haben die Funktionalität des Tiguans aber kaum beeinträchtigt.

Als wir auf dem Parkplatz vor dem weitläufigen früheren Panzergelände ankamen, sahen wir nur wenige Fahrzeuge. Wir parkten neben einem baugleichen SUV, ebenfalls aus Münster. Auch die Farbe, schwarz, war gleich. Manchmal bin ich meinem Zweibeiner ja hochgradig zugetan. So war es auch in diesem Moment. Er hatte beim

Aussteigen darauf verzichtet, mich anzuleinen. Oder hatte er es einfach nur vergessen? Egal, bevor er das für sich sortieren konnte, lief ich erstmal los, stellte die Ohren auf Durchzug und prüfte die Lage. Nichts war da, was sich zu verkloppen lohnte. Das wenige Meter entfernt wild an der Flexi tobende Etwas in Schuhgröße 34 zählte ebenso wenig wie das hamstergroße Teil ohne Leine, das auf mich zu gerannt kam. Schließlich habe ich einen Ruf zu verlieren. Usain Bold würde auch nicht gegen meinen Zweibeiner im Hundert-Meter-Lauf antreten. War ich hier im Kleintierzoo gelandet? Gab es hier nichts Vernünftiges, am besten ein paar kräftige, gut riechende Rüden? Schnell suchte ich das Weite, bevor mein Zweibeiner auf den Gedanken kam, ich solle in der Nähe bleiben und sich heiser schreien würde. Ich hätte dann wieder Schuld an seinen Halsschmerzen gehabt. Wo der Wagen stand, wusste ich ja. Rechtzeitig vor Sonnenuntergang würde ich wieder zurück sein. Wenn mein Futterbeschaffer clever wäre, würde er sich ins nahegelegene ›Gasthus Lauheide‹ setzen und die Wartezeit mit einer dicken Portion Apfelkuchen mit Sahne verkürzen.

Die Grashalme vor mir sahen besonders sympathisch aus. Ich hockte mich über sie und ließ der Natur freien Lauf. Kurz darauf folgte das große Geschäft. Nun war ich für alle Abenteuer bereit. Leinenlos und herrchenfrei fühlt man sich als Hund besonders naturnah. Hinter jedem Maulwurfshügel lauert eine heiße Fährte und der frische Wind ordnete die Murmeln im Hundehirn.

Ich drückte meine Nase auf den Boden und staubsaugte eine Spur, die nach leckeren Feldmäusen roch. Die

Fährte mündete in einem kleinen Loch. Da half nur eins: buddeln. Weiche Erdklumpen und ganze Grasbüschel flogen durch die Luft. Die Öffnung wurde zwar schnell weiter, aber ich war einfach zu groß. So eine kurzbeinige hündische Fußhupe hätte jetzt deutliche Vorteile, um an die Bewohner des Erdapartments heranzukommen. Ich war so verbissen mit meinem Buddeln beschäftigt und bemerkte zu spät, dass die kleinen Erdbewohner nach allen Seiten aus ihren Notausgängen schossen, um gleich wieder in einem anderen Miniloch zu verschwinden. Die Arbeit war also für die Katz. Mäuse sollte man besser im Rudel jagen. Einer buddelt und den anderen, die an der richtigen Stelle warten, springen die Mäuse wie Amuse-Gueules ins Maul.

In naher Sichtweite hatte sich ein potenzielles Mitglied einer solchen vierbeinigen Jagdgesellschaft, ein Mischlingsrüde, auf den Boden gelegt und das Schauspiel interessiert beobachtet.

Auf dem Weg zu ihm hin hörte ich: »Dumm gelaufen, was?«

»Hättest mir ja helfen können«, brummte ich zurück.

»Nein, das geht nicht. Das hätte meinem Frauchen nicht gefallen, jagen hat sie mir verboten«, erwiderte er.

*Du bist mir der richtige Salonlöwe*, dachte ich mir. Dieser Rüde riecht gut, stellte ich beim Näherkommen schnell fest, und sah auch anziehend aus. Meine Körpergröße, muskulös und kein Gramm Fett zu viel, strahlte er eine zufriedene Gelassenheit aus, die mich in seinem Bann zog.

»Aber Rennen ist erlaubt oder ist das auch genehmigungspflichtig?«, feixte ich.

Wie aus der Pistole geschossen, legte er einen Sprint hin, als wäre er auf der Großwildjagd. Ich konnte nur mithalten, weil ich seine großen Kreise, die er drehte, nach innen hin abkürzte. In seinem erkennbar bunten Stammbaum musste sich ein Karnickel eingeschlichen haben. Anders war seine Gelenkigkeit beim Hakenschlagen, kurz bevor ich ihn fassen konnte, nicht zu erklären. Irgendwann war mir die Sache zu blöd. Die Zunge samt halber Lunge aus dem Maul hängend und schwer hechelnd blieb ich einfach stehen. Gut gelaunt kam er angetrabt.

»Ich heiße übrigens Einstein«, stellte er sich vor. »Und dahinten«, er sah in die seitliche Richtung, »ist mein Frauchen.«

»Und mein Herrchen auch!«, rief ich erstaunt aus.

Gernot war unterdessen in die Richtung gegangen, in die ich verschwunden war. Kleine fröstelnde Baumgruppen und das zähe Gestrüpp von wilden Brombeerranken entzogen mich seinem Blick. Seine Laune bewegte sich auf einer Skala von eins bis zehn bei minus zwei. Missmutig haderte er mit seiner Entscheidung, mit mir in dieses große Wald- und Wiesengebiet gefahren zu sein. Mit meiner Erziehung hatte er keine glückliche Hand bewiesen. Mal war er zu streng, mal zu großzügig. In Situationen wie dieser kam er sich wie ein Totalversager vor, reif für eine anonyme Hundehalterselbsthilfegruppe im Netz. Offenbar hatte er es versäumt, in meiner Prägephase die richtigen Weichen zu stellen und konsequent bestimmte Regeln einzufordern. Die Hundeschule brachte auch keinen erkennbaren Nutzen. Vielleicht, so überlegte er, sollte er sich mal mit einem Hundetrainer in Verbindung setzen.

Gernot hatte sich auf Rufweite einer Frau genähert, die langsam quer über die Wiese spazierte und ab und zu den Blick in die Ferne richtete. In der Hand trug sie eine zusammengerollte Hundeleine.

»Ist Ihr Hund auch fahnenflüchtig?«, fragte Gernot, immer noch missmutig über mich und sich selbst.

»Nein, nein, der kommt gleich von selbst zurück«, antwortete sie freundlich.

»Die Zuversicht möchte ich auch haben«, sagte Gernot. »Wenn meiner Krawallmaus die Fransen in der Zickenbirne zu locker hängen, mobbt die erst mal jeden an, der größer ist als sie. Und sie kommt erst dann zurück, wenn sie sich selbst was eingefangen hat.«

»Das klingt, als wenn Sie ein Montagsmodell abbekommen hätten, oder liegt es vielleicht am Halter?«, schmunzelte sie.

Eine ganze Weile schlenderten sie zusammen, angeregt ins Gespräch über ihre Vierbeiner vertieft. Gernot plauderte über die Vorzüge seiner Hündin, erwähnte aber auch die Probleme, die er mit mir hatte. Die fremde Frau mochte vielleicht zehn Jahre jünger als er selbst gewesen sein, groß und schlank mit langen blonden Haaren. Mit einer klaren wohlklingenden Stimme erzählte sie von ihrem zwei Jahre alten Mischling Einstein, den sie mit sechs Monaten aus dem Tierheim geholt hatte. Einstein kam ursprünglich aus Spanien, wo er von Tierschützern aus einer

Tötungsstation gerettet worden war. Der Name wurde dem Rüden vom Tierheim verpasst, da mit etwas Fantasie tatsächlich eine gewisse Ähnlichkeit mit dem großen Physiker zu erkennen war. Über die Herkunft seiner Eltern konnte man nur spekulieren. Galgo Español, Border Collie und wer-weiß-was-noch-alles kamen infrage. Sicher war nur, bei der Mutter handelte es sich um ein andalusisches Flittchen, und der Vater hatte keinen festen Wohnsitz.

»Ich habe den Namen Einstein beibehalten«, ergänzte sie, »zumal er einen sehr aufgeweckten Eindruck macht. Mein Name ist übrigens Jule«, stellte sie sich vor.

»Sehr angenehm, ich heiße Gernot.«

»Da ist Einstein ja«, rief sie in diesem Augenblick aus und wies schräg nach links, wo zwei Hunde zu sehen waren.

»Wie praktisch«, lächelte Gernot, »Chaka auch.«

Das gemeinsame Spielen mit Einstein war wie im Flug vergangen. Er war anders als andere Hunde. Ich fühlte mich wohl in seiner Gesellschaft. Bei ihm gab es noch etwas jenseits von Krawall und Klamauk. Mit seinem ausgeglichenen Selbstvertrauen und seiner freundlichen Art weckte er Gefühle in mir, die ich bisher noch gar nicht kannte. Als er sein Frauchen weiter entfernt bemerkte, lief er, mich ins Schlepptau nehmend, auf sie zu. Ich bemerkte sofort: Sie war eine echte Hundeversteherin.

Wenn Zweibeiner sich erstmalig kennenlernen und begrüßen, gehen sie direkt aufeinander zu. Bei einer höflichen Begrüßung schauen sie sich in die Augen, geben sich gegenseitig die Hand und umarmen sich vielleicht sogar. Diese sogenannte Primatenannäherung ist in der Hundegesellschaft absolut flegelhaft. Der normal entwickelte Hund empfindet die Begrüßung eines anderen Wesens mit dem Kopf voran oftmals als Bedrohung. Höfliche Vierbeiner nähern sich einander von der Seite und vermeiden direkten Blickkontakt.

Während sich also der normale unbedarfte menschliche Hundefreund freut wie Bolle und impulsiv auf den fremden Vierbeiner zuläuft, um ihm kahle Stellen zu streicheln, ließ Jule mich erst einmal unbeachtet. Ich hatte genügend Zeit, sie zu beschnüffeln und mir so ein Bild von ihr zu machen. Erst dann ging sie in die Hocke und ließ sich sogar von mir abschlecken.

»Gratuliere«, funkte ich zu Einstein, »deine Alte hat das Herz am rechten Fleck.«

»Eine schöne Hündin, und mit der haben Sie Probleme?«, fragte Jule leise zu meinem Zweibeiner gewandt.

Der Spaziergang dauerte länger als ursprünglich geplant und endete in höchster Eintracht. Dennoch sollte das Dramatischste, was ich bisher je erlebt hatte, an diesem Tag noch bevorstehen.

# Kapitel 7
## Dumm gelaufen

An die Rückfahrt nach diesem leinenlosen Ausflug mit Einstein kann ich mich nur schwach erinnern. Zu sehr war ich mit den Eindrücken und Reizen beschäftigt, die von ihm ausgingen. Meine Murmeln im Kopf kugelten durcheinander. Oder ging die Unruhe von Schmetterlingen in meinem Bauch aus? Eines war mir schnell klar: Ich wollte den undefinierbaren Mischling Einstein wiedersehen. Er besaß Persönlichkeit, das hatte ich vom ersten Moment an gewusst. Er könnte eigentlich gut ein Ridgeback sein. Problematisch war nur, dass Gernot das Schlendergebiet in Handorf ziemlich selten aufsuchte. Wie sollte ich ihm klarmachen, direkt am nächsten Tag wieder dorthin zu fahren? Kämen wir erst in einer Woche wieder, wenn überhaupt, hätte sich Einstein sicher schon eine andere Freundin zugelegt. *Streng deine Zickenbirne an und überlege ganz ruhig, was zu tun ist*, sagte ich mir. *Es muss eine Lösung geben!*

Es gab aber keine Lösung. Jedenfalls nicht bis zu dem Augenblick, als Gernot nach der Rückfahrt den Motor seines Wagens in der Garageneinfahrt abstellte, die Heckklappe öffnete, mich herausließ und in die Arme von Herrn Schwengelbeck lief.

Herr Schwengelbeck war der Nachbar rechts von Gernots Wohnung. Er wohnte dort schon ewig und drei Tage, arbeitete bei der Feuerwehr, war handwerklich geschickt und hilfsbereit. Nicht zuletzt aus diesem Grunde war er in der Nachbarschaft sehr beliebt und mit allen per Du. Herr Schwengelbeck war an diesem Samstagnachmittag in eigener Sache aktiv gewesen, hatte seinen Vorgarten winterfest gemacht und das Laub in seiner Garageneinfahrt zusammengefegt. Er war soeben fertig geworden und alles sah wie geleckt aus. Jetzt war ihm nach einem Pläuschchen zumute. Mein Leinenhalter kam da gerade recht.

»Das wäre erst einmal geschafft«, meinte er zufrieden zu Gernot. »Jetzt darf der Wind nur kein neues Laub mehr heranwehen.« Er blickte dabei etwas vorwurfsvoll auf unsere mit Laub bedeckte Garageneinfahrt.

»Ja, ja«, entgegnete Gernot. »Ich muss bei mir auch mal gründlich fegen, aber mit Hund kommt man ja zu nichts, dauernd muss man Gassi gehen.«

Die Unterhaltung der beiden interessierte mich natürlich nicht die Bohne. Das änderte sich auch nicht, als Gernot und Herr Schwengelbeck das Thema wechselten und über günstige Bezugsmöglichkeiten von Kaminholz brabbelten. In meiner Hundemurmel ratterte es jedoch plötzlich wie beim mündlichen Abitur. Die Lösung, wie ich Einstein schnell wiedersehen konnte, lag vor mir. Ich musste die Chance nur nutzen. Jetzt oder nie.

Mein Zweibeiner war durch die Unterhaltung abgelenkt, seine Aufmerksamkeit mir gegenüber war beurlaubt und die hereinbrechende Dämmerung würde meinen spontanen Plan erleichtern. Wenn ich mich jetzt vom Acker machen würde, wäre ich erst einmal weg. Gedacht, getan. Kein scharfer Kommandoruf, kein wüstes Geschrei erklang hinter mir, als ich mich klein wie ein tiefergelegter Rauhaardackel machte und im Sprint das Weite suchte.

Es blieb ruhig. Geschafft, ich atmete auf, während meine Hinterläufe vor Aufregung zitterten wie Espenlaub. Glücklich wie nach einem erfolgreichen Einbruch in die Dorfmetzgerei lief ich in Richtung Hundewald, den ich vom morgentlichen Gassigehen gut kannte.

Langsam entspannte ich mich und sortierte meine Gedanken. Einstein hatte doch erzählt, dass er mit seinem Frauchen in Mecklenbeck wohnen würde. Ja, richtig, und ich hatte gesehen, dass sie einen schwarzen Tiguan fuhren, wie Gernot und ich. Diese Anhaltspunkte sollten doch reichen, um ihn zu finden. Mecklenbeck lag nicht so weit entfernt, irgendwo hinter dem Hundewald im Osten. Ich musste mich nur auf meine Nase verlassen. Nach dem Durchqueren des Wäldchens behielt ich die Richtung bei und ließ mich durch keine noch so wohlriechende Fährte, die meinen Weg querte, ablenken. Der Tag wurde zusehends müde. Von der um sich greifenden Dunkelheit gedrängt und dem Gedanken an Einstein gezogen überquerte ich abgeerntete Maisfelder und bewegte mich ansonsten auf unbefestigten Wegen. Nur noch vereinzelt traf ich vierbeinige Kumpels, die ihre reflektierenden Halsbänder und ihre Leinenhalter ausführten. Unangeleint, unbeleuchtet und unbemantelt atmete ich den Duft von Freiheit und Abenteuer ein. Selbst die Klirrgrade um den Gefrierpunkt störten mich nicht. Im zügigen Schlapptrab näherte ich mich meinem Ziel. In einiger Entfernung kreuzte eine gut befahrene Straße meinen Weg. Wenige Minuten später hatte ich die Orientierung und mein Bewusstsein verloren.

Als ich aufwachte und langsam wieder zu mir kam, hatte ich auch einen Teil meiner Erinnerung verloren. Ein Geruch, den ich von meiner früheren Welpenkiste her kannte, drang in meine Nase. Im Hintergrund vernahm ich Geräusche, die nur von Artgenossen stammen konnten. Unsicher öffnete ich vorsichtig meine Augen. Wo war ich?

»Sie wacht auf, sie wacht auf!«, quäkte wichtigtuerisch die dünne Stimme von Lilli, einem Zwergpinscher.

»Tritt mal zur Seite«, ertönte es im Befehlston von hinten. Der Zwergpinscher machte unterwürfig Platz. Ein schon in die Jahre gekommener Malinois, der nur mit Captain angeredet wurde, baute sich vor mir auf. »Du bist also der neue Rekrut, Willkommen in unserer Spezialeinheit«, bellte er mich an. »Und verwundet dazu, war wohl ein missglückter Einsatz.«

Erst jetzt bemerkte ich den Verband an meinem linken Hinterlauf. Was war nur passiert? Meine unausgesprochene Frage war wohl deutlich von meinem Gesicht abzulesen.

»Warst so unvorsichtig«, sagte der Captain, »dich mit einem Fahrzeug der Zweibeiner anzulegen. Hatte auch mal so eine Verletzung, nur noch schlimmer. Bei einem Streit mit drei Dobermännern mussten mir beinahe beide Hinterläufe amputiert werden und ...«

»Hör nicht auf den Angeber«, unterbrach ihn die Stimme einer anderen vierbeinigen Nase mit Pfoten.

»Angeblich hat er auch alleine einen Junghirsch erlegt. Dabei wurde der wie du in der Nacht von einem Autofahrer angefahren.«

Ich ließ meinen Blick umherschweifen. In dem Raum, der von einer einzelnen Deckenbirne schwach erleuchtet wurde, konnte ich ungefähr ein Dutzend Artgenossen schemenhaft erkennen. Die fensterlosen kahlen Wände wurden von mehreren Türen und – ich schaute zweimal hin, um es zu begreifen – von riesigen Gitterstäben unterbrochen. *So sieht wohl ein Gefängnis von innen aus*, mutmaßte ich erschrocken. Wie sehr sehnte ich mich in diesem Augenblick nach meinem Herrchen, nach meiner warmen Decke und – natürlich – nach Einstein. Zu ihm wollte ich ja. Jetzt hatte ich den Faden wiedergefunden. Ich war von zu Hause ausgebüxt, um nach ihm zu suchen. Den Plan konnte ich jetzt jedenfalls knicken. Selbst wenn ich aus diesem Verlies irgendwie türmen könnte, mit meinem verletzten Hinterlauf würde ich bestimmt nicht weit kommen.

»Isch bin der Freddy aus Düsseldorf-Bilk«, meldete sich ein gemütlicher Golden Retriever mit rheinischem Singsang in der Stimme. Golden Retriever gelten wegen ihrer Unkompliziertheit als die Automatikwagen unter uns Hunden. »Dat war aber Kappes, wat du da jemacht hast«, fuhr er fort. »Aber et is ja noch mal jut jejange. Mädsche, wie heeßt du dann überhaupt?«

»Ich bin Chaka und suche meinen Freund Einstein«, antwortete ich.

»Kenne keinen Soldaten Einstein«, bellte die Militärstimme wieder, »muss eine andere Kompanie sein. Den wirst du vorläufig nicht finden. Kommst hier nicht so leicht wieder raus. Ich bin schon über zwei Jahre hier. Du kriegst hier erst eine ordentliche Grundausbildung und dann …«

»Nun ängstige unseren reizenden Gast doch nicht so, du alter Kommisskopp«, schaltete sich Ferdinand, ein halbseiden aussehender, schmierig wirkender Irish Setter ein. »Der Captain hat bei einem Hauptfeldwebel gedient, bis dieser wegen seiner Sauferei unehrenhaft entlassen wurde. Er wechselte direkt vom Militär zur Trinkerheilanstalt und musste den Captain ins Tierheim geben. Mit so einer schlimmen Vergangenheit ausge-stattet, wird man natürlich auch etwas verhaltensoriginell.« Ferdinand hatte sich in den Vordergrund gedrängt und beschnüffelte aufdringlich mein Hinterteil. »Die wird uns bestimmt noch viel Freude machen, Jungs. Los, nun steh schon auf, du kleine Strunze.« Mit erregter Stimme schubste er mich in eindeutiger Weise.

Wenn doch nur Einstein hier wäre. Er könnte mir zwar auch nicht helfen, aber dann wären wir wenigstens schon zwei Chancenlose.

»Lass sie in Ruhe«, erklang drohend ein tiefer Bass aus dem Hintergrund. Ein dunkler großer Schatten, der bislang in der hinteren Ecke gelegen hatte, bewegte sich langsam auf mich zu. »Die Puppe gehört mir.« Die Stimme von Cäsar, einem mächtigen Schäferhund, duldete keinen Widerspruch. Die Sekunden vergingen, ich zitterte vor Angst. *Jetzt nur nicht aufgeben*, sagte ich mir. *Wenn man bis zum Hals in der Kacke steckt, sollte man nicht den Kopf hängen lassen.*

»Da kommt jemand, da kommt jemand«, quiekte der Zwergpinscher in die gespannte Stille.

Unmittelbar danach wurde die Zugangstür mit dem klirrenden Geräusch eines Schlüsselbundes geöffnet. Frau Brömmelsiek, eine resolute Mitvierzigerin und Leiterin des Tierheims, erschien im Türrahmen.

»Ist sie das?«, fragte sie ihren hinter sich stehenden Begleiter.

Es war mein Zweibeiner Gernot. Ein Stein, nein, eine ganze Geröllhalde polterte von meinem Herzen, als ich ihn erkannte. Ich war gerettet. Gernot kam näher, nahm mich vorsichtig auf seine Arme und drückte mich fest an sich. Mit feuchten Augen sah er mich lange an, um dann den Blick in die Runde der unglückseligen Zellengenossen zu werfen. Wortlos drehte er sich um und verließ mit mir schnell diesen trostlosen Raum, begleitet von den entrüsteten Rufen des Zwergpinschers: »Achtung, die desertiert, die desertiert!«

# Kapitel 8

## Man bekommt den Hund, den man braucht

Der Kochstammtisch hatte sich am folgenden Freitag zu einem Feierabendbier in der Gaststätte Kortmann getroffen. Ende November waren bereits die ersten Weihnachtsbeleuchtungen zu sehen und das Thermometer unterschritt erstmals die Frostgrenze.

»Vielleicht wäre ein schöner heißer Glühwein jetzt eher angebracht«, meinte Klaus und wärmte mit beiden Händen sein kaltes Pils.

»Trink doch einen doppelten Klaren«, schlug Peter vor. »Der wärmt auch, nur schneller.«

»Was ich mit Chaka erlebt habe«, mischte sich Gernot ein, »hebt meine Betriebstemperatur sogar ganz ohne Alkohol.«

»Was ist passiert?«, fragte Peter. »Hat sie diesmal den Vorortzug zum Entgleisen gebracht oder ein paar Reiter vom Pferd geholt?«

»So was in der Art«, entgegnete Gernot und erzählte, wie ich entwischte, von einer Autofahrerin angefahren wurde, die mich verletzt ins Tierheim brachte, wo er mich am gleichen Abend noch abholen konnte.

»Wer ist denn stärker verletzt«, fragte Peter, »Chaka oder das Auto?«

»Chaka hat nur eine Verstauchung und Schürfwunden an den Hinterläufen«, antwortete Gernot und fuhr fort:

»Nicht weiter schlimm. Der Wagen hat sie kaum erwischt. Er braucht aber eine neue Stoßstange, da beim Ausweichmanöver ein Baum im Weg stand. Und ich brauche wahrscheinlich eine neue Haftpflichtversicherung.«

»Wieso ist Chaka denn überhaupt weggelaufen?«, fragte Peter. »Hast du sie wieder gequält oder mit einem Rückfahrticket zu Herrn Krumbein bedroht?«

»Ich glaube, sie ist verliebt«, antwortete Gernot und erzählte vom Treffen mit Einstein und Jule in Handorf.

Klaus schmunzelte, als Gernot geendet hatte. »Mir scheint, verliebt bist du, und Chaka ist läufig. Du kannst schon mal alles für eine erfolgreiche Niederkunft vorbereiten.«

Gernot schluckte. »Jetzt brauche ich auch einen Schnaps. Und einen Tierarzt oder einen Hundetrainer, am besten alles zusammen«, seufzte er. »Die kleine Canaille wächst mir über den Kopf, es passiert ja andauernd etwas.«

»Wieso, was denn noch?«, fragte Klaus, der als Katzenhalter in einem hundefreien Haushalt lebte und die subtilen Gemütslagen von Hundehaltern nur erahnen konnte.

Gernot leerte sein Glas Pils und setzte zu einem Kurzvortrag an: »Gestern Morgen, auf unserem Weg zum Hundewald, passierten wir das Grundstück eines entfernten Nachbarn, der sich einen jungen glatthaarigen Schäferhund zugelegt hatte. Wenn ich noch etwas schlaftrunken gewesen sein sollte, dann war ich nach seinem unerwarteten, überfallartigen Gebell hinter der Hecke nicht nur wach, sondern auch kurz vor einem Herzinfarkt.

Chaka hatte die Situation schneller als ich gecheckt und sofort zurückgebellt. Dass der Schäferhund sein Revier verteidigte, war ja auch normal. Wie sein Name vermuten lässt, besitzt er solide Hüteeigenschaften. Und dieses tobsüchtige Exemplar behütete halt sehr gewissenhaft die Tannen, den Rasen, die Maulwurfshügel, den Außenkamin, das gesamte Grundstück einschließlich der Thuja-Hecke, die noch mit einem vertrauenerweckenden Metallzaun gesichert war. Soweit so gut. Problematisch wurde es erst, als wir uns schon ein paar Meter von dem Grundstück entfernt hatten und ich feststellen musste, dass die Grundstückseinzäunung doch nicht hielt, was sie dem Augenschein nach versprach. Oder der Schäferhund hatte seinen ganz speziellen Zugang zur Straße. Jedenfalls lief er plötzlich ziemlich aggressiv von hinten auf uns zu. Bevor ich schnallte, wie mir geschah, hatte Chaka mir die lose gehaltene Leine aus der Hand gerissen und sich mit dem Schäferhund zu einem wilden Knäuel vereinigt. Es ist schon ein beängstigendes Gefühl, wenn zweimal fünfzig Pfund Hund in einer einzigen Fellkugel auf einen zurollen. Zumal man nur Sekundenbruchteile Zeit hat, um nach rechts oder links wegzuspringen. Lange Rede, kurzer Sinn«, fasste Gernot zusammen, »Chaka hat zu den bereits vorhandenen Blessuren am Hinterlauf nichts abbekommen, aber das rechte Ohr des Schäferhundes war perforiert.«

»Vielleicht ist der Ochsenziemer schuld«, warf Peter trocken ein. »Gedörrter Bullenpenis macht ein Lamm zum Raubtier.«

»Aber sie hat sich doch nur verteidigt«, meinte Klaus.

»Schon, aber gebissen hat das Lamm«, antwortete Gernot. »Das war im Übrigen kein Einzelfall. Manchmal startet sie eine Prollattacke ohne Grund, nur weil es Kollegen von ihr gibt, die zu lange gucken. Ich kriege die Radaurassel nicht in den Griff«, fuhr er fort.

»Und, ist das nachbarschaftliche Verhältnis jetzt gestört?«, wollte Peter wissen.

»Ich denke, die Flasche Rotwein, die ich ihm vorhin gebracht habe, war blutdrucksenkend und der klassische Hinweis: ›Chaka hatte eine beklagenswerte Kindheit‹, verhinderte das Schlimmste.«

»Versuch es doch mal mit einem Maulkorb«, warf Klaus, der Katzenhalter, ein. »Korb drüber, Schnauze zu, keine Bisswunden, alles palletti.«

»Oder sieh diese ärgerlichen Vorkommnisse doch mal von einer ganz anderen Seite«, schlug Peter vor, dem diese Probleme dank seines emotionsflexiblen Jumpers sehr bekannt waren. »Betrachte sie als eine Möglichkeit der Persönlichkeitsbildung speziell für Hundehalter. Eintracht suchenden Gutmenschen, wie wir es sind, bieten vierbeinige Rabauken eine echte Chance.«

»Wie soll die denn aussehen?«, fragte Klaus misstrauisch.

»Wenn du solche Zwischenfälle beschwingt hinnimmst, um dann dem schnöden Geiz abzuschwören, großzügig den Weinkeller zu plündern, den aufgebrachten Hundehalter zu beschenken und neue nachbarschaftliche Kontakte zu knüpfen, dann gewinnst du nicht nur neue Freunde, sondern wächst auch als Mensch am Hund.«

»So wird es sein«, stimmte Klaus, der Katzenhalter, zu. »Man bekommt als Mensch immer den Hund, den man braucht.«

# KAPITEL 9
## IRREN IST MENSCHLICH – KÖNNEN HUNDE ABER AUCH

Drei Tage später schleppte mich Gernot nach dem Morgengassi zu Dr. Schniggendiller, einem Weißkittel, und seiner Assistentin, die die beste Leckerli-Flatrate der Stadt hat. Jedenfalls dann, wenn man sich im Gegenzug piksen lässt oder bereit ist, sich die Temperatur messen zu lassen, indem da etwas eingeführt wird, wo normalerweise nur etwas herauskommt. So hatten wir es im Frühsommer gehalten. Eine Spritze Virbagen gegen Tollwut und anderes Ungemach sowie Tropfen gegen Zecken machen den Hund sommerfest. Jetzt im Winter stand wohl ein Pikser gegen Festfrieren auf dem Eis an.

Die Leckerlis gab es schon mal vorweg. Aber keinen Pikser? Dr. Schniggendiller beschäftigte sich vielmehr eingehend, wenn auch nur verbal, mit meinem Zweibeiner. Vielleicht wollte der sich auch auf die kalte Jahreszeit vorbereiten. Ich konnte der Unterredung nicht ganz folgen, die Leckerlis der Weißkittelassistentin lenkten mich zu sehr ab. Es ging irgendwie um ein gesteigertes Interesse am anderen Geschlecht. Und dass man dagegen etwas tun müsse, weil Hund sonst die Kontrolle über sich verliere. Da waren sich Dr. Schniggendiller und Gernot völlig einig. Ich hatte in letzter Zeit auch schon bemerkt, dass Gernot sich nach den Kontakten mit dem Frauchen von Brutus im Hundewald und mit Jule in Handorf erkennbar verändert zeigte. Wir Hunde sind da sehr sensibel und finden es gar nicht gut, wenn unsere Zweibeiner uns wegen anderer Interessen vernachlässigen. Wenn man mich fragen würde – aber mich fragt ja keiner, ich bin ja nur der Hund –, hätte ich das Vorhaben für eine gute Idee gehalten: Eine Impfung meines Zweibeiners gegen die Versuchungen irgendwelcher Frauchen.

Nun, der Irrtum ist nun mal einer der Väter des Fehlers. Viel zu spät erkannte ich, dass Dr. Schniggendiller die Impfkanüle nicht für Gernot vorgesehen hatte, sondern gegen mich richtete. Und zwar just in dem Moment, als die hinterhältige Assistentin mich spielerisch in den Schwitzkasten nahm und mir Leckerlis einschob. Während ich noch überlegte, ob der weißbekittelte Wehtuer mich durch das angeregte Gespräch mit Gernot verwechselt hatte, mich also nur versehentlich pikste, fühlte ich eine schnell wachsende lähmende Trägheit und wurde im wahrsten Sinne des Wortes hundemüde. Dr. Schniggendiller, seine Assistentin und mein Zweibeiner lösten sich in einem milchigen Nebel auf und ich fiel in einen tiefen Schlaf.

Das Zeitgefühl ging mir verloren. Traumfetzen erschreckten mich zu Tode. Bilder vom schreienden Herrn Krumbein, von fauchenden Wohnzimmer-Lokomotiven und lüsternen Tierheiminsassen bemächtigten sich meiner. War ich vielleicht schon gestorben? Hatten die Zweibeiner etwa die ultimative Notbremse gezogen und mich ins Jenseits befördert? War das die Quittung für Krawallmäuse wie mich? Eines Tages würde ich sterben müssen, hatte ich mal von einem älteren Kollegen gehört. Aber an allen anderen Tagen würde ich weiterleben, sagte mir eine innere Stimme.

Irgendwann später irritierten seltsame Gerüche von Desinfektionsmitteln meine Nase und die Sterilität des Raumes schlug aufs Gemüt. Unter den Deckenbalken schienen noch die Schmerzensschreie und das Wimmern der zuvor hier malträtierten Kreaturen zu schweben. Verschwommen entstand vor meinen Augen ein Bild, das aus dem Zirkus Krone hätte stammen können. Ein Pinguin, der – auf einem Seil balancierend – mit seiner Schnauze eine Stange jonglierte, auf deren äußeren Enden jeweils ein Eichhörnchen saß – frech und feist wirkende Eichhörnchen, die provozierend zu mir hinschauten. Reflexartig spannte ich meine Hinterläufe an, um mir die zu holen. Ein stechender Schmerz in meiner Bauchgegend stoppte mein Vorhaben. Im Hundeparadies konnte ich nicht sein. Da kann die Lieblingsbeute bestimmt schmerzfrei gefangen werden.

Langsam realisierte ich den Verband um meinen Unterleib. Was hatte das zu bedeuten? Eine weitere unerfreuliche Nahbegegnung mit einem fremden Pkw und noch mehr meinetwegen demolierte Stoßstangen, Scheinwerfer und Wischanlagen?

Nein! Ich erinnerte mich an die Spritze und mich beschlich eine schreckliche Vermutung. Hatten die Zweibeiner es etwa gewagt, mich zu verstümmeln, die lange Liste meines Stammbaums durch einen schnöden Eingriff für alle Ewigkeit abrupt zu beenden? Ohne mich zu fragen? Was würde Einstein dazu sagen? Leider kenne ich keinen guten Anwalt, der mich in diesem tierschutzrelevanten

Fall vertreten könnte. Das sind alles Windhunde. Vielleicht sollte ich mich stattdessen an Tierärzte ohne Grenzen wenden. Wie ihr Name vermuten lässt, sehen die eventuell eher noch eine Möglichkeit. In jedem Falle wollte ich schnell weg. Ich hatte hier nichts verloren, von meinen Eierstöcken mal abgesehen. Auf einer dicken Decke liegend sah ich immer noch das Bild mit Pinguin und Eichhörnchen. Es hing eingerahmt an einer weißen Wand direkt vor mir. Im Hintergrund hörte ich die Leckerlispenderstimme sagen: »Ich glaube, sie ist aufgewacht; dann kann ich Herrn Beger ja anrufen, dass er sie abholt.«

Eine halbe Stunde später war mein Zweibeiner zur Stelle und beförderte mich vorsichtig in sein Auto. Ich aber habe ihn tief verärgert keines Blickes gewürdigt und bin mit dem Gedanken erschöpft weggesunken, dass die Federung seines Tiguan dringend eines Werkstattbesuchs bedarf. Im Halbschlaf nahm ich wahr, dass er mich, zu Hause angekommen, behutsam in mein Körbchen in seinem Arbeitszimmer trug. Sofort fiel ich in einen tiefen Schlaf und versuchte, in eine andere, schönere Welt zu flüchten. Ich träumte von einem Land, in dem:

- dicke Würste wie Mohrrüben aus dem Boden sprießen,
- ungedüngt die fetten Hasen wachsen,
- mobile Brackwasserbars das Verlangen nach Durst verschönern,
- knietiefe laktosefreie Kuhmilchseen zu fettigen Feinquarksümpfen konvertieren,

- einstige Lieblingsfeinde mir die Beute aufdrängen,
- menschliche Zweibeiner nur mit Passierschein und dreifacher Zutrittskontrolle toleriert werden,
- alle Krankheiten, alles Unwohlsein, alle Indispositionen, einschließlich Augentriefen und Herrchens Pfeifengeruch, fehlen,
- ich mit Rüden balgen kann, bis der Wald ächzt und die Wiese bebt,
- die Natur weder Flöhe noch Zecken oder Darmwürmer kennt,
- die Sonne einen Dauerauftrag mit Temperaturkontrolle eingeht,
- Wind und Regen individuell für jederhund einstellbar sind,
- omnipotente Rüden drängelnd in der Zweierreihe scharren, wenn das Mäuschen juckt,
- Halsleinen, Schleppleinen, Brustgeschirr und Maulkörbe noch nicht erfunden sind,
- der Regenbogen des Glücks sich stetig neu erfindet,
- die Jahre vergehen, ohne dass Hund älter wird,
- Herrchen als Aktivist einer Tierschutzgruppe bei Facebook beitritt.

# Kapitel 10
## Reithose, Minirock und
## Haararchitektin

Die drei folgenden Tage nach dem grausigen Besuch bei Dr. Schniggendiller waren die langweiligsten meines Lebens. Das Laufen tat trotz der Schmerzmittel weh, sodass ich nur für kurze Gassigänge in den Garten aufstand. Ansonsten gab es an diesen Tagen jeweils nur drei wichtige Termine:

09.00 Uhr: Tabletteneinnahme.
14.00 Uhr: Tabletteneinnahme.
18.00 Uhr: Tabletteneinnahme.

Dafür hatte ich umso mehr Zeit, an Einstein zu denken. Wie konnte ich es nur anstellen, ihn mit oder ohne meinen Zweibeiner zu treffen? Mir fehlte da noch die zündende Idee.

Am vierten Tag nach Verlust meiner Fortpflanzungsfähigkeit, einem Freitag, machte Gernot sich für einen Morgenspaziergang im Hundewald fertig. Er öffnete die Haustür. Überraschung perfekt: Draußen war noch da – aber völlig anders. Alles war weiß angestrichen. Es lag Schnee. Nun ist ein Wintereinbruch ja nicht strafbar. Man muss sich nur anders verhalten. Ich nahm Gernot daher an die Leine, damit er sich bei der Glätte sicherer fühlte.

Mit einem Menschen schafft sich ein Hund auch ein Stück Verantwortung an – selbst nach einer OP. Ja, ich würde sogar sagen, dass Artgenossen, die solche Sicherheitsbedürfnisse ihrer Schutzbefohlenen missachten, keine Zweibeiner halten sollten.

Trotz dieser Hilfestellung machte der Schnee ihm mehr zu schaffen als mir. Insbesondere dann, wenn ich mal unvorsichtig an der Leine zog. Er hatte dann Probleme, wieder auf die Beine zu kommen. Ist auch nicht einfach für ihn, hat ja nur die beiden.

Im Hundewald roch ich Brutus und entdeckte ihn kurz darauf mit Frauchen in ihrer Reithose.

»Was ist passiert?«, fragte er neugierig.

Diesmal war ich es, die ihm brühwarm mein Leid klagte. Konnte dies sogar in allen Einzelheiten tun, da mein Leinenhalter lange mit der Reithose redete. Auf dem Rückweg achtete ich darauf, dass wir nicht in die Nähe von Dr. Schniggendiller gerieten. Wer weiß, was dem sonst noch an Misshandlungen einfallen würde.

Mittags stand der gemeinsame Spaziergang mit Peter und Jumper auf dem Programm. Der in der Nacht gefallene Schnee war nicht weggetaut, sondern hatte unser Laufrevier in eine perfekte Winterlandschaft verwandelt, die alle Geräusche dämpfte. Auf dem spiegelglatten See war nach der eiskalten Nacht an schattigen Stellen eine dünne Eisdecke erhalten geblieben. Unsere bevorzugte Jagdbeute, Karnickel, Eichhörnchen, Enten oder Artgenossen, hinterließen nicht nur Duftspuren, sie verrieten sich auch durch die Abdrücke im Schnee.

Der See war stärker besucht als sonst. Alle wollten die seltene Winterlandschaft erleben. Durch meinen OP-bedingten Ausfall in den vergangenen Tagen hatte Jumper alle Pfoten voll zu tun gehabt. Nur mit Mühe war ihm eine minimale Aufrechterhaltung der von uns aufgestellten Ordnung gelungen. Auch jetzt lag die Hauptlast, unser Revier zu verteidigen, bei ihm. Ich war ja durch meinen Verband in der Wahrnehmung dieser Aufgabe deutlich erkennbar behindert.

Nach kurzer Zeit versuchte Peter, seinen Vierbeiner einzufangen. Er war von dessen gesteigerter Aktivität genervt. Allerdings hatte Peter nicht bedacht, dass nach Jumpers Meinung die im Sommer eingeübten Rückrufkommandos im Schnee an Bedeutung verlieren. Das galt insbesondere dann, wenn eine inoffizielle Selbsthilfegruppe – oder war es doch ein Hundeprofi mit seinem Junghundekurs – ausgerechnet an einer gut frequentierten Wegkreuzung trainierte. Vielleicht war das aber auch ein geschäftsförderndes Kalkül vom Hundeprofi, um unter verschärften Alltagsbedingungen zu demonstrieren, wie notwendig das sich anschließende Junghundeaufbauseminar II sei.

Erst als das gesamte Teilnehmerfeld des Halbstarkenkurses aufgemischt war, gelang es unter tatkräftigem Einsatz der gesamten Gruppe, Jumper dingfest zu machen. Peter spulte routiniert sein eingeübtes Entschuldigungsrepertoire ab und baute geschickt als zusätzlichen Baustein die ungewohnte aktuelle Schneewetterlage ein.

»Der Hundeprofi hat aber auch einen an der Waffel«, meinte Peter anschließend zu Gernot und ergänzte: »Wie kann man nur so nahe an einer Wegkreuzung das Hundetraining abhalten. Da fühlt sich doch jeder Vierbeiner eingeladen mitzumachen.«

Die Sonne, die sich seit Tagen versteckt gehalten hatte, strahlte fröhlich auf die Rücken unserer Zweibeiner, als sie den kleinen Auenbereich der Münsterschen Aa, vorbei an Haus Kump, verließen und sich in Richtung des anschließenden Waldgebietes begaben. Diese Gegend war nur von wenigen Besuchern frequentiert.

Peter und Gernot sahen sie hinter einer Wegbiegung gleichzeitig: Eine dreiköpfige Frauengruppe mit ihren kaniden Begleitern, die sich direkt neben ihren geparkten Fahrzeugen auf einem Feldweg aufhielten.

»Wen haben wir denn da?« Das leichte Stöhnen in Peters Stimme war bei dieser rhetorischen Frage nicht zu überhören. Dank seiner langjährigen Besuche dieses Hundefreilaufreviers kannte er so gut wie jeden Zwei- und Vierbeiner.

»Zwei davon kenne ich vom Morgenspaziergang im Hundewald«, antwortete Gernot. »Die Reithose und ihren Brutus.«

Peter kannte auch die restlichen vier. Die Hundefrauen waren in bester Stimmung. In ihren Händen hielten sie dampfende Becher. Schon von Weitem winkten sie uns zu.

»Das hier ist das Richtige für euch bei dieser Kälte«, meinte die Reithose und kam uns mit geröteten Wangen und zwei Bechern Glühwein entgegen.

»Hui, das ist aber nett«, brummelte Peter betont freundlich und begrüßte mit kurzem Small Talk auch die anderen Glühweintrinkerinnen.

Unterdessen beschäftigte ich mich mit den Vierbeinern des Damentrios. Tutnix, ein notorisch unterwürfiger Münsterländer, der einen mit seiner Sanftmut auf die Palme bringen konnte, erwartete geradezu immer wieder aufs Neue, verkloppt zu werden und stellte sich auch diesmal wieder bereitwillig zur Verfügung. Habe ihn nicht enttäuscht. Selbst Brutus, den ich erstmals ohne Leine sah, machte zaghafte Versuche, Tutnix anzupöbeln.

Tutnix hatte übrigens eine besondere Geschmacksvorliebe beim Fressen: Katzenkacke. Vielleicht war daran die Katze schuld, die im gemeinsamen Haushalt wohnte. Es war ja auch so verlockend einfach. Wenn ihm das fade Dosenfutter nicht zusagte, kurz die Katze ducken und schon war frisch serviert.

Der dritte Vierbeiner der Gruppe war ein schwarzer notgeiler Labrador. Sein Name ist die Steigerungsform von Rüde: Rüdiger. Wenn Rüdiger nicht gerade vierbeinigen Frauen nachstieg, ging er abseits in Sichtweite seiner Lieblingsbeschäftigung nach: Erdbewegungen in jeglicher Form. Aktuell versuchte er verzweifelt, einen gefrorenen Maulwurfshügel zu schleifen. Seine Besitzerin, eine Brünette mit architektonisch gewagter Hochsteckfrisur und Haarnadeln, die im Gehirn feststecken mussten, hatte schon mal erwogen, so wurde gemunkelt, ihn an ein Kanalbauunternehmen auszuleihen.

Nach der altbekannten Devise: ›Auf einem Bein kann man nicht stehen‹, waren unsere männlichen Begleiter beim zweiten Glühwein angekommen. Die Reithose, die Haararchitektin und die übergewichtige Tutnix-Besitzerin in Leopardenfell-Leggins mit Minirock hatten da schon einen uneinholbaren Alkoholpegel erreicht. Der Minirock redete mit schriller Stimme auf Peter ein, wollte einen gemeinsamen Gassigang vereinbaren, und stützte sich zur Erhöhung ihrer Standfestigkeit auf seiner rechten Schulter ab. Sie war damit so beschäftigt, dass sie Jumper nicht bemerkte, der ihr linkes Bein ausgiebig markierte. Dalmatinerpisse trifft Leopardenfell, ergibt ein ganz neues Modedesign.

Die Reithose, deren glühende Wangen in Kombination mit ihren roten Haaren wie ein beleuchtetes Stoppschild wirkten, ging bei meinem Herrchen noch weiter: Sie schlug abgestimmte regelmäßige morgentliche Gassigänge im Hundewald vor. Die beiden Hunde, damit meinte sie Brutus und mich, würden sich ja so gut verstehen. *Das hat man davon*, dachte ich mir. *Da ist man mal freundlich zu einem Kollegen, der einem leidtut, und schon hat man den an den Lefzen hängen.* Die Reithose könnte ich echt an den nächsten Baum binden.

Nur mit Mühe und dem Hinweis: »Die kurzhaarigen Hunde müssen mehr laufen, die werden zu kalt«, konnten sich die männlichen Zweibeiner aus der Glühweingruppe lösen. Wir setzten unseren Weg, an der Rückseite des Allwetterzoos vorbei, fort.

Peter summte halblaut melodisch: »Die rote Zuckerpuppe aus der Glühweintrupp…«

»Meinst du etwa die Reithose?«, unterbrach ihn Gernot,

»… ist von dir jedenfalls angetan«, vollendete Peter seinen Satz.

»Ach was«, winkte Gernot ab, »die ist an Chaka interessiert, als Spielfreund für ihren Riesenmops.«

»Englische Bulldogge«, korrigierte Peter.

»Wie auch immer«, entgegnete Gernot. »Jedenfalls ist der zu dick und sie zu dünn. Wahrscheinlich leidet sie an Bulimie und verfüttert alles an ihn. Im Übrigen warst du doch in der Runde der große Eindruckmacher. Die im Leopardenfell hat dich gar nicht mehr losgelassen.«

»Weil sie sonst geschwankt hätte. Jeder Baum in der Nähe wäre ihr gleich lieb gewesen, ich stand halt nur günstig«, antwortete Peter.

»So ist das im Leben, man muss nur zur richtigen Zeit an der richtigen Stelle stehen«, sinnierte Gernot.

Nachdem ich mit Jumper einige Runden Nachlaufen gespielt hatte und wir einer Karnickelfährte gefolgt waren, erreichten wir nach der Glühweinpause schnell wieder unsere normale Betriebstemperatur. Die brauchten wir dann auch.

Mit der Lautlosigkeit der Kälte an diesem Tag und der Plötzlichkeit, mit der eine Uhr stehenbleibt, tauchten sie auf: Zwei durchtrainierte Deutsch-Drahthaartypen, die wir noch nie gesehen hatten und die so wenig koscher wirkten wie ein Schweinenackensteak. In der Winterlandschaft warfen sie messerscharfe Schatten.

Sofort signalisierten sie: »Unser Revier, ihr Kleinen. Wir sind hier schon seit Jahren unterwegs.«

»Dann ist der Schichtwechsel aber überfällig«, blaffte Jumper todesmutig, schaltete sofort in den Krawallmodus und stand sekundenlang vor dem Herzinfarkt. Seine sämtlichen zweiundvierzig schneeweißen Zähne blinkten im gefährlichen Kontrast zu seinem blutroten Zahnfleisch, unterlegt mit einem Knurren wie von einem Zwölfzylinder aus Maranello.

»Wovon träumst du nachts, du Schneepupser?«, antwortete der Größere der beiden.

Die Begegnung drohte die Ebene verbaler Sozialkontakte zu verlassen. Aus gesundheitlichen Gründen entschied ich, mich aus dieser Meinungsverschiedenheit fernzuhalten und riet Jumper zum geordneten Rückzug. Wenn aber ein Rüde, und insbesondere Jumper, einen temporären Hirnausfall infolge fehlgeschalteter Synapsen unterm Schädeldach hat, ist ein freiwilliger Verzicht auf eine Klopperei allerdings eine sehr anspruchsvolle Herausforderung. Er kläffte sich die Lunge aus dem Leib, dass mir die Schlappohren glühten.

Plötzlich erscholl ein lauter Pfiff.

Die beiden Deutsch Drahthaare hielten in ihrer Bewegung inne, vollführten statt einer normalen Drehung einen synchron gelungenen Wendesprung um 180 Grad und spurteten, als wären alle Weißkittel dieser Welt hinter ihnen her, zu ihren auf der Bildfläche erschienenen Besitzern.

Jumper sah mich zuerst wortlos mit offenem Maul an und sagte dann: »Die beiden könnten glatt als Stargast in einer Martin-Rütter-Show auftreten.«

»Tja«, meinte ich, »manche Naturtalente hören von ihren Zweibeinern nur einen kurzen Pups und schon backen die kleine Brötchen. Hoffentlich haben unsere Alten das nicht mitbekommen.«

Hatten sie nicht. Zu sehr waren unsere Zweibeiner auf dem Rückweg am Seeufer entlang ins Gespräch darüber vertieft, wie sie aus der Nummer mit den gemeinsamen Gassigängen mit der Glühweintruppe herauskommen konnten. Sie bekamen daher auch nicht gleich mit, welche Idee Jumper ins Hundehirn ploppte.

Jumpers Lebensdevisen waren einfach beschrieben: ›Zu langsamer Pulsschlag schadet der Gesundheit‹ und ›Leben ist immer lebensgefährlich‹. Als er die Enten sah, sollte er diese beiden Vorsätze erfolgreich miteinander kombinieren. Das Seeufer, das Jumper und ich abliefen, war mit einer Eisschicht überzogen, die zur Mitte des Sees hin dünner wurde, um dann in eisfreies Wasser überzugehen. Unter einer mächtigen Weide, deren Zweige weit in den See hinausragten, hatten sich die Enten auf dem Eis zum geselligen Beisammensein versammelt.

Mein Interesse an Enten ist begrenzt. Alleine schon deshalb, weil sie sich zumeist auf dem Wasser aufhalten. Als wasserscheuer Ridgeback halte ich es da eher mit dem Grundsatz: ›Genitiv ins Wasser, weil es Dativ ist.‹

Jumper aber sagte sich: ›Frisch gewagt, ist halb gefangen.‹ Er rannte aufs Eis. Die Enten nahmen Reißaus. Jumper hinterher. Die Enten erreichten das offene Wasser. Jumper bremste ab. Zu spät.

Mit einem trockenen Knacken des Eises brach er ein, plumpste unter Wasser, wo er für eine lange Sekunde blieb, tauchte auf und planschte in Panik mit seinen Vorderpfoten. Ich stand hilflos am Ufer. Die beiden Zweibeiner kamen herbeigelaufen und schrien den sinnlosen, aber ernstgemeinten Satz: »Jumper, komm da raus!«

Konnte er aber nicht. Er paddelte zwar, was die Pfoten hergaben, kam jedoch nicht gegen die zum Ufer hin dicker werdende Eisschicht an. Peter raufte sich da, wo früher einmal eine Haarplantage wuchs, den kahlen Kopf. Gernot schaute hilfesuchend nach allen Seiten, als könnten dort Retter von der Freiwilligen Feuerwehr oder dem Technischen Hilfswerk in Sicht kommen. Außer normalen Spaziergängern war aber niemand da, keiner konnte helfen. Sie mussten selbst ran.

Peter und Gernot zogen hastig ihre Winterjacken aus und machten ihren Oberkörper frei. Vorsichtig traten sie auf das brüchige Eis, das sofort unter ihrem Gewicht nachgab. Sie standen zuerst bis zu den Knien und dann bis zum Bauch im Wasser. Die Kälte schnürte den beiden die Luft ab. Ihnen war, als würde ihre Haut von Tausend Nadelstichen malträtiert werden. Langsam arbeiteten sich die beiden menschlichen Eisbrecher zu Jumper vor, um für ihn einen eisfreien Zugang zum Ufer zu schaffen. Jumper könnte sich dann selbst schwimmend in Sicherheit bringen oder von den Zweibeinern dorthin getragen werden.

Nun, Irren ist halt menschlich, besonders im Umgang mit uns Hunden. Wir sind zwar nicht dumm, haben aber manchmal Pech beim Denken. Das gilt insbesondere dann, wenn wir in Panik geraten. Und die hatte von Jumper Besitz ergriffen.

Er paddelte jetzt nicht in Richtung Ufer, sondern entgegengesetzt zur Seemitte, da er dorthin besser vorwärtskam. Er merkte nicht, dass es keinen Zweck hat, das Tempo zu erhöhen, wenn man sich in die falsche Richtung bewegt.

Als die beiden Zweibeiner das offene Wasser erreichten, nahmen sie schwimmend die Verfolgung auf, kreisten Jumper schnell ein, bugsierten ihn in Richtung Land und trugen ihn endlich durch die eisfreie Bresche zum rettenden Ufer. Geschafft standen die beiden Retter dort wie begossene Pudel und zitterten sich einen Muskelkater.

Während der Rettungsaktion hatten sich Spaziergänger, teilweise mit vierbeinigen Begleitern oder mit Kinderwagen, Jogger und Fahrradfahrer eingefunden und beobachteten mit lebhaftem Interesse das Geschehen. Sie sparten nicht mit gleichermaßen wohlmeinenden wie überflüssigen Ratschlägen. Einige Gaffer hatten ihr Smartphone gezückt, um Fotos zu schießen oder kleine Videosequenzen zu filmen, die – wie Gernot wenige Tage später bemerkte – auf Facebook eingestellt die Besucher von Hundeforen amüsierten. Peter und Gernot drückten das Wasser aus ihren Hosen und rieben ihre Oberkörper mit den zuvor abgelegten Jacken trocken.

Jumper hatte es da einfacher. Er schüttelte sich kräftig, zeigte sich von seiner aus dem Ruder gelaufenen Entenjagd schnell erholt und fragte mich mit einem unschuldigen Gesicht: »Was stellen wir denn jetzt an?«

Wer den Schaden hat, braucht für den Spott nicht zu sorgen. Das sollte sich in den folgenden Minuten noch bewahrheiten. Unsere Zweibeiner hatten jetzt nur noch ein Ziel: den Pkw mit der rettenden Heizung. Schnellen Schrittes, auf dem kürzesten Weg dorthin, hinterließen sie für jedermann sichtbar eine Spur. Wasser tropfte aus ihren nassen Hosen und bei jedem Schritt über den Schneeboden quatschten ihre triefenden Schuhe. Sie zogen verwunderte Blicke der ihnen begegnenden Passanten auf sich. Diejenigen, die sie durch sporadische Pläuschchen kannten, ahnten, dass die Gelegenheit hierzu ungünstig war und grüßten nur kurz mit erstauntem Gesicht. Andere konnten sich den Hinweis: »Baden ist im See aber verboten«, nicht verkneifen.

Die beiden Lebensretter waren an diesem Tag mit Gernots Auto unterwegs. Als sie den Wagen erreichten, zogen sie ihre nassen Hosen aus. Gernot schaltete sofort Motor und Heizung an und machte sich bibbernd auf den Rückweg. Zusätzlich drehte er das Gebläse auf volle Kraft. Die kondensierte Nässe aus den Kleidungsstücken hing in schweren Wassertropfen an der Innenseite der

Frontscheibe und behinderte die Sicht. Gernot fuhr und Peter hielt wischend die Scheiben klar.

Die beliebte Kontrollstelle der Polizei auf dem Dingbänger Weg kennt jeder Autofahrer, der diese Strecke regelmäßig befährt. Sie steht immer dann dort, wenn man zufällig mal zu schnell fährt. So auch an diesem Tag. Als Gernot das Stoppsignal der Polizistin sah, musste er eine Vollbremsung hinlegen, um sie nicht zu überfahren.

»Dies ist ein Notfall, wir sind am Erfrieren«, versuchte Gernot beim Aussteigen der Polizistin die pikante Situation zu erklären und zog an seinem Anorak, der nur notdürftig das verdeckte, was sich sonst in der geschlossenen Hose aufhielt. Die Uniformierte grinste, zeigte sich von ihrer nachsichtigen Seite und ließ uns mit der Auflage weiterfahren, die Verkehrsregeln zu beachten und ein heißes Vollbad zu nehmen.

Als Gernot Peter und Jumper vor deren Wohnung absetzte, hörte ich etwas, das meine Rute vor lauter Aufregung wirbeln ließ wie das Pendel bei einer Standuhr im Zeitraffermodus.

»Du bist ja am Sonntag nicht hier«, sagte Gernot zu Peter. »Dann fahre ich mit Chaka nach Handorf, da habe ich neulich eine interessante Frau kennengelernt.«

»Doch nicht zufällig eine Krankenschwester?«, fragte Peter schmunzelnd. »Die kannst du dann gleich mitbringen, damit die sich um unsere Lungenentzündung kümmert.«

# Kapitel 11
## Pirouetten-Paul

Das ist ja super. Ich hätte mir sämtliche Pfoten vor Freude reiben können. Mein Zweibeiner war selbst, ohne meine Hilfe, auf den Gedanken gekommen, wieder nach Handorf zu fahren. Dann würden wir dort bestimmt Einstein und Jule treffen.

Für Hunde vergeht die Zeit viel langsamer als für Menschen. Besonders dann, wenn man, pardon Hund, auf etwas Bestimmtes wartet. Auf den kommenden Sonntag, also übermorgen, zum Beispiel. Dabei bin ich als Hund das Warten gewohnt. Wenn mein Alter nach seiner Arbeit zu Hause am Schreibtisch abends noch mal weggeht, warte ich, dass er wieder zurückkommt. Also, eine ziemlich langweilige Tätigkeit. Er lässt das Licht in der gesamten Wohnung brennen und macht sogar für mich den Fernseher an. Bis vor Kurzem dachte ich, er wolle mir damit die Wartezeit verkürzen. Mittlerweile habe ich aber spitzbekommen, dass er mit dieser Festbeleuchtung ungebetenen Gästen signalisieren will: Achtung, die Hütte ist bereits besetzt. Dadurch ist das Warten zwar interessanter geworden, ein unerwarteter Besucher hat sich aber leider bislang tatsächlich nicht einge-funden. Dies sollte sich jedoch alsbald ändern.

Hunde brauchen einfach eine intellektuell anspruchsvolle Beschäftigung. Die dämlichen Fernsehprogramme der Zweibeiner zu gucken oder immer nur die Schnipsel in der Raufasertapete zählen, das reicht nicht aus. Auch nicht, wenn ich mich darauf konzentriere, auf vier Pfoten zu stehen oder nur zu atmen. Letzteres ist ja nur ein Reflex, würde sonst auch schwierig werden mit dem Weiterleben.

Die wichtigste Beschäftigung für uns Hunde ist die Bewegung. Davon hat mein Zweibeiner zwar schon mal was gehört, aber es nicht so richtig verinnerlicht. Wenn er keine Lust mehr hat, über Wiesen und durch Wälder zu streifen, meint er, mir ginge es ebenso. Aus seinem Lamentieren gegenüber Freunden hatte ich erfahren, dass er kaum mehr Zeit für Kneipen, Bücher und Fußball fände, immer müsse er mit mir Gassi gehen. Auf den Gedanken, mir alleine Ausgang zu geben, kommt er aber nicht. Ich weiß nicht, ob ihm klar ist, dass bestimmte Rassen, Ridgebacks zum Beispiel, genetisch darauf programmiert sind, länger, schneller und weiter zu laufen als kurzbeinige Artgenossen. Aber laufen müssen wir Vierbeiner alle. Fische schwimmen, Vögel fliegen und Hunde müssen eben laufen. Nun ja, am kommenden Sonntag würde ich in Handorf, hoffentlich zusammen mit Einstein, ausgiebig laufen können.

Am Morgen dieses heiß ersehnten Tages ging es erstmal zum Gassigang in den Hundewald. Jetzt fehlte nur noch, dass wir die Reithose mit ihrem beklagenswerten Brutus antreffen würden. Wer weiß, ob die nicht mit dummen Alternativvorschlägen das Programm in Handorf gefährdet hätte. In Nullkommanix erledigte ich meine Geschäfte und zog Gernot weg aus dem Gefahrenbereich.

Um die Mittagszeit fuhren wir auf die Stadtautobahn Richtung Handorf. Die anderen im Stau warteten schon auf uns. Der Münsterländer ist halt Autofahren im Schnee nicht gewohnt. Dafür war es auf dem ehemaligen Truppenübungsgelände noch ziemlich leer. Einstein und Jule fanden wir schnell, sie kamen ebenfalls mit Verspätung an. Großzügigerweise leinten uns die Zweibeiner schnell ab. Sie wollten sich wohl ungestört unterhalten und nicht zappelnd der Hundeleine hinterherhecheln.

Einstein war ein aufmerksamer Zuhörer, als ich ihm erzählte, was sich nach unserer ersten Begegnung alles ereignet hatte. Er fühlte sich sehr geschmeichelt, zeigte sich aber angemessen besorgt darüber, dass ich auf der Suche nach ihm fast unter die Räder eines Wagens gekommen wäre. Ich hatte den Grund für mein Ausbüchsen allerdings etwas abgeschwächt und erzählt, mein früh vergreister Zweibeiner hätte mich versehentlich aus der Wohnung ausgeschlossen. Da wäre mir nichts anderes eingefallen, als ihn aufzusuchen. Einstein brauchte nicht zu wissen, wie verknallt ich in ihn war.

»Du bist jedenfalls jederzeit willkommen«, rief er glückselig. »Komm doch mal mit deinem Herrchen zu uns«, schlug er vor. »Das ist bestimmt komfortabler als auf eigenen Pfoten.«

»Gute Idee«, sagte ich und fuhr beschwingt fort: »Komm, jetzt lass uns schauen, ob wir hier jemanden ärgern können.«

Gernot hatte Jule ähnlich viel zu erzählen, wie es bei mir und Einstein der Fall war. Zum Teil waren die Themen sogar identisch.

»Du meinst, Chaka hat bewusst Einstein gesucht«, fragte Jule. »Das ist ja süß«, lächelte sie und ergänzte leise: »Schade nur, dass so ein schönes Tier kastriert wurde.«

»Ja, ich wusste mir keinen anderen Rat, um ihre Hyperaktivität einzudämmen«, meinte Gernot kleinlaut und fuhr fort: »Es ist erstaunlich, wie nett die beiden miteinander umgehen. So angenehme Spaziergänge habe ich selten. Du kennst Chaka nicht, die ist sonst ganz anders. Ich habe schon überlegt, einen Hundetrainer einzuschalten.«

»Wir können den Spaziergang ja gerne wiederholen«, sagte Jule lachend.

Sie schlenderten zu einem Bereich, in dem Merinoschafe in einem mobilen Gehege gehalten wurden.

»Lass uns die Hunde mal anleinen«, schlug Jule vor und pfiff Einstein zu sich. Auch Gernot rief nach mir. *Na gut*, dachte ich, *komme ich halt. Aber nur ausnahmsweise, weil Sonntag ist, Schnee liegt, die Sonne scheint und Einstein schon wie ein Oberstreber vorm Frauchen sitzt.*

Angeseilt wie im Hochgebirge tapsten die Zweibeiner durch den Schnee. Die Schafe waren voll damit beschäftigt, dumm rumzustehen und zu blöken. Ein Glück, dass ich als Hund geboren wurde.

Plötzlich teilte sich die Schafherde und machte einem eingebildeten Border Collie des Schäfers Platz. »Haut ab!«, wuffte er uns arrogant wie ein Polizeihund vom Sondereinsatzkommando nach zehn Dienstjahren an.

Während mein Zweibeiner, ins Gespräch vertieft, noch seine Gehirnwindungen in die richtige Position schaukeln musste, war ich schon voll auf Betriebstemperatur. Erst als ich ruckartig an der Leine zog, um mit dem vierbeinigen Schafhirten eine ernsthafte Diskussion zu führen, erfasste Gernot die Situation. Zu spät. Er verlor den Halt auf dem glatten Untergrund, wirbelte durch die Luft, legte einen angedeuteten Rittberger mit halber Drehung hin und fand sich bäuchlings auf dem Boden wieder, immer noch die Leine mit mir am anderen Ende fest in der Hand.

Überrascht von dieser unerwarteten akrobatischen Einlage stand Jule einen Moment fassungslos da, um dann in lautes Lachen auszubrechen. Es riss auch nicht ab, als Gernot sich aufrappelte und sich vorderseitig als mäßig gelungene Kopie eines Schneemanns präsentierte.

»Du bist ja ein Artist«, rief sie, »ein echter Pirouetten-Paul!«

*Wer den Schaden hat ... spottet jeder Beschreibung*, dachte Gernot und entschloss sich mitzulachen. *So war das also. Da lebt man Jahrzehnte nichtsahnend vor sich hin und erfährt dann so nebenbei ohne weitere Einleitung, was man wirklich ist: Ein Pirouetten-Paul.* Hauptsache das Publikum war auf seine Kosten gekommen: Jule, der mittlerweile der halbe Aasee vor Lachen in den Augen stand, Einstein, der sein Erstaunen mit großer Souveränität zum Ausdruck brachte und der Border Collie, der in stiller Begeisterung vergaß, weiter zu motzen. Selbst die apathischen Schafe hatten interessiert den Kopf gedreht und zeigten sich für die unerwartete Vorstellung dankbar. Ich selbst war am wenigsten überrascht. War halt schon oft genug passiert, im Matsch allerdings. Schnee war neu. Pirouetten-Paul auch.

# KAPITEL 12
## BÖSE ÜBERRASCHUNG

Gernot hatte Übernachtungsbesuch von einem früheren Schulfreund, Wolfgang aus Neuss, bekommen. Am Abend fuhren sie zum Griechen ins benachbarte Stadtteil Mecklenbeck, um dort zu Abend zu essen. Ich durfte mal wieder alleine unser Zuhause hüten. Mir stand also einmal mehr ein eintöniger Abend bevor. Die Überlegung, ob das Körbchen im Arbeitszimmer oder die Hundedecke im Wohnzimmer zum Dösen genutzt werden soll, füllt einen ja nicht so richtig aus. Was macht der gelangweilte Hund dann? Er achtet auf Geräusche.

Ich versuchte also, die von außen zu mir dringenden Laute ihren verschiedenen Quellen zuzuordnen. Das hatte ich schon oft gemacht und es klappte zumeist ganz gut. Die älteste Tochter von Nachbar Schwengelbeck wurde wieder einmal lautstark von ihrem neuen Lover abgeholt. Ein entfernt bellender, mir nicht näher bekannter vierbeiniger Kollege erntete grantig wirkende Kommandos seines Herrchens. Vereinzelt fuhren Fahrzeuge zu dieser Abendzeit an unserem Grundstück vorbei. Ich war dann bestrebt herauszuhören, um welchen Autotyp es sich handelte. War es ein Tiguan, wie Herrchen ihn hatte? War es ein Dieselfahrzeug oder ein Benziner? Diese Unterscheidungen wurden von mir treffsicher wahrgenommen. Schwieriger war es da schon, die jeweilige Automarke herauszuhören, und gar als gemeine Herausforderung empfand ich, ein Elektrofahrzeug überhaupt wahrzunehmen.

Im weiteren Verlauf des Abends wurden die Geräusche weniger, dafür nahm meine Schläfrigkeit zu. Bald nickte ich ein und befand mich in meiner Lieblingstraumwelt. Unter blauem Himmel spross eine zartgrüne Graslandschaft mit lichtem Baum- und Buschbestand. Unzählige Duftspuren von Klein- und Niederwild kreuzten den Weg. Ganze Völkerscharen von Karnickeln, Füchsen, Eichhörnchen und Feldmäusen luden, einer Flatrate gleich, zum unbegrenzten Jagen ein. Als ich mich an ein köstliches Rebhuhn heranschlich, flog es, kurz bevor ich es fangen konnte – durch ein metallisches Knarzen gewarnt – auf und davon. Ich war enttäuscht und irritiert.

Dieses seltsame Knarzen kam nicht aus meiner Traumwelt. Nein, es war real. Sofort war ich hellwach, als hätte Gernot mein abendliches Trockenfutter in Espresso eingeweicht. Aus dem Keller war ein leises Rumoren zu hören. Da war jemand! Mein Leinenhalter konnte es nicht sein, der wählt normalerweise die Wohnungstür, wenn er nach Hause kommt. Aber wer war es dann?

Schnell wie der Blitz stürmte ich die Kellertreppe hinunter, folgte dem seltsamen Poltern im Vorratskeller und traute meinen Augen nicht. Aus dem geöffneten Kellerfenster hingen zwei Beine plus Poansatz von einer nicht zu identifizierenden Person. Sie bewegten sich ungelenk in alle möglichen Richtungen, um – so schien es – entweder den Kellerboden zu erreichen oder wieder in die entgegengesetzte Richtung, also nach oben, zu kommen.

Der späte unangemeldete Besucher hatte jedoch die Rechnung ohne die Schwerkraft gemacht. Seine Füße fanden für den Rückzug keinen Halt nach unten, und durchrutschen konnte er auch nicht, weil das Kellerfenster zu eng war.

Mir war natürlich klar, dass dies kein vom Leinenhalter eigens für mich inszeniertes Unterhaltungsprogramm war, sondern dass es sich um einen Einbrecher der übelsten Sorte mit einem Kopf voller finsterer Vorsätze handeln musste. Er versuchte, bei uns einzudringen, obwohl ich zu Hause wachte. Das war geradezu beleidigend. Und dumm dazu. Die wirklich wertvollen Sachen lagern bei uns nicht im Keller. Gernot deponierte meine Futtervorräte nämlich in der Garage. Dort sind sie sicher, die hat nämlich kein Kellerfenster.

Entsprechend war meine Reaktion. Ich knurrte wie der Hund von Baskerville und bellte, dass die Wände wackelten. Die Luft vibrierte. Das imponierte dem Einbrecher aber wenig. Er ließ sich nicht herab, sich in gebührender Form bei mir zu entschuldigen. Vielmehr strampelte er weiterhin mit den Beinen. Habe daraufhin versucht, ihm bei seiner Befreiungsaktion zu helfen und mich in seiner Hose festgebissen, damit er durch mein Körpergewicht endlich nach unten rutschte. Geschah aber nicht. Dafür schrie er laut wie die Fischverkäufer auf dem Hamburger Wochenmarkt. Hatte wohl Angst um alles, was seine Hose beherbergte.

Endlich, nach einer Dreiviertelstunde, kam Gernot mit Wolfgang, der bei uns übernachten sollte, vom auswärtigen Abendessen zurück. Die beiden Männer hörten schon vor der Haustür den Radau, der aus dem Keller zu ihnen drang.

Schnellen Schrittes eilten sie in den Kellerraum. Die anfängliche Bestürzung der beiden wich bald einer Form der Belustigung, als sie die Situation sortiert hatten. Gernot alarmierte umgehend die Polizei, die kurz danach mit Blaulicht und zwei Streifenwagen eintraf. Solange musste der Langfinger in seiner hochnotpeinlichen Lage aushalten. Er wurde dann ohne Widerstand in Handschellen abgeführt und in Gewahrsam genommen. Als Fazit sind vier Punkte festzuhalten:

- Die Hose des Einbrechers war dahin, die Beine wiesen Bisspuren auf und seine Stimme war verlorengegangen.

- Gernots Freund Wolfgang überlegte kurz, ob er wirklich in diesem offensichtlich sozialen Brennpunkt übernachten sollte.

- Die herbeigeeilten Polizisten zeigten sich erfreut, einen Einbrecher auf frischer Tat erwischt zu haben.

- Herrchen war gleichermaßen erleichtert und zufrieden und ich war froh über eine gelungene Abwechslung im Abendprogramm.

Die Angelegenheit hatte jedoch ein erstaunliches Nachspiel. Einige Wochen später erhielt mein Zweibeiner einen eingeschriebenen Brief von einem Rechtsanwalt aus Erfurt. Neugierig öffnete er den Briefumschlag. Schlagartig erhöhte sich sein Blutdruck und seine Nackenhaare richteten sich auf (oh, grenzwertiger Vergleich, ist ja kein Vierbeiner, der geneigte Leser weiß aber, was gemeint ist). Jedenfalls guckte Gernot ziemlich dumm aus der Wäsche und wusste selbst nicht, ob er lachen oder toben sollte.

Der Herr Rechtsanwalt ließ Gernot wissen, dass sein Mandant, der gefasste Einbrecher, infolge des Versuchs, unsere Wohnung zu betreten, durch einen bösartigen Hund ins Gesäß und in die Beine gebissen worden war, was eine ärztliche Betreuung nach sich zog. Der Herr Rechtsanwalt verwies auf den einschlägigen Paragrafen 833, Satz 1, des Bürgerlichen Gesetzbuches, in dem es klipp und klar heißt: ›Wird durch ein Tier die Gesundheit eines Menschen verletzt, so ist derjenige, welcher das Tier hält, verpflichtet, dem Verletzten den daraus entstehenden Schaden zu ersetzen.‹ Grundsätzlich hat auch ein Einbrecher – dies steht nicht im Bürgerlichen Gesetzbuch, ist aber gängige Rechtsprechung – einen Schadenersatzanspruch gegen den Tierhalter. Gernot wurde aufgefordert, die vollen Arztkosten von fünfhundertdreiundachtzig Euro und zweiunddreißig Cent sowie ein Schmerzensgeld von sechshundert Euro binnen vier Wochen zu zahlen. Im Übrigen müsse mein Leinenhalter damit rechnen, dass das örtliche Ordnungsamt an ihn herantreten und für das gemeingefährliche Tier das Tragen eines Maulkorbs und einen Wesenstest verfügen werde. Er wolle damit die Schwere des Falles deutlich machen und lasse unter

Beilegung seiner eigenen Rechnung ansonsten freundlich grüßen.

Gernot war konsterniert. Der Geschädigte mutiert zum Beklagten. Die Heldenhündin Chaka, also ich, die man in der Regionalausgabe des örtlichen Provinzblattes feierte und die schon von einer nebenberuflichen Karriere als Polizeihund träumte, wurde als Gewalttäter hingestellt. Wie sollte Gernot hierauf reagieren? Er rief Hans-Dieter, einen alten Bekannten an, der als Jurist das ulkige Schreiben bestimmt in der Luft zerpflücken konnte. Doch weit gefehlt! Hans-Dieter war nicht bereit, die Anschuldigung auf die leichte Schulter zu nehmen. »Ein Wachhund sollte den Einbrecher stellen und nicht verletzen«, gab er zu bedenken. Wenn jemand ein Verbrechen begehe, sei das noch lange kein Freibrief, ihn beliebig zu schädigen. Ansonsten wären wir schnell bei Selbstjustiz und Dorfplatzgalgen. Gernots Hinweis, dass es sich hier wohl um einen selbstverschuldeten ›Betriebsunfall‹ handeln würde, könne nicht a priori angenommen werden. Es müsse im Detail geklärt werden, ob in diesem Falle die Rechtsauffassung ›Eigentumsschutz steht über körperliche Unversehrtheit‹ gelte. Er sei jedoch bereit, sich des Falles anzunehmen und sehe auch gewisse Erfolgsaussichten, die Forderung abzuwehren.

Gernots Empörung wurde durch das Telefonat kaum gemildert. Er beschloss, seinerseits – parallel zum Schriftsatz seines Juristen Hans-Dieter – dem Rechtsanwalt und dem klagenden Einbrecher einen deftigen Brief zu schreiben. Voller Tatendrang setzte er sich an seinen PC und begann zu tippen. Auf halbem Wege hielt er inne. *Das bringt doch nichts*, sinnierte er. Über seinen zu Papier gebrachten Zorn würden die Adressaten doch nur milde lächeln. *Ich versuche es mal mit Ironie,* sagte er sich, betätigte die Löschtaste und formulierte ein Schreiben, mit dem er künftig ungelegene Besucher bei seiner Abwesenheit zu empfangen gedenke. Zur Vermeidung ähnlicher Arbeitsunfälle wolle er in solchen Fällen eine Notiz im Eingangsbereich seiner Wohnung gut sichtbar auslegen. Ein Muster dieses Empfangsschreibens wäre als Anlage beigefügt. Dieses Schreiben hatte folgenden Wortlaut:

*Sehr geehrter Herr Einbrecher,*

*herzlich Willkommen in meinem Zuhause! Ich hoffe, Sie sind problemlos hier hereingekommen und erleben bei mir einen einträglichen Aufenthalt. Um Ihnen die Arbeit zu erleichtern, empfehle ich, folgende Hinweise zu berücksichtigen: Im Keller finden Sie hinter der ersten Tür links einen Safe, in dem ich mein Bargeld deponiert habe. Sollten Sie sich durch eine eingeschlagene Fensterscheibe Zutritt zu meinem Haus verschafft und sich bei dieser Aktion verletzt haben, so finden sie im Heizungsraum einen an der Wand hängenden entsprechend markierten Rot-Kreuz-Kasten. Sind Ihre Verletzungen ernsterer Natur, steht Ihnen natürlich das Telefon im Wohnzimmer zur Alarmierung eines Krankenwagens zur Verfügung (wählen sie dann den Euronotruf 112). Ich werde so gegen 22.00 Uhr wieder zurück sein und darf Sie höflich bitten, bis dahin Ihre Arbeit abgeschlossen zu haben. Denken Sie beim Rückweg gegebenenfalls an die scharfkantigen Fensterscheiben.*

*Meinen Hund habe ich vorsichtshalber mitgenommen, damit sich seine Anwesenheit nicht störend auf Ihre Arbeit auswirkt.*

*Mit der Ihnen gebührenden Hochachtung,*

*Der Wohnungseigentümer*

# Kapitel 13

## Knackwurstdiplom verknackwurstet

In der folgenden Nacht träumte ich wieder. Von Einstein und von der Hundeschule – also genau genommen natürlich von der Hundehalterschule. Einstein war mit seiner Jule auf wunderbare Weise in den Welpenkurs gelangt. Klingt idiotisch, klar. Denn die beiden brauchen eigentlich keine Schule. Aber es war so. Die Zweibeiner mussten üben, die richtigen Kommandos zu geben.

Im Idealfall befahlen sie das, was wir als Hund ohnehin zu tun in Erwägung gezogen hatten. ›Platz‹ zu rufen, eignet sich zum Beispiel immer dann, wenn Hund ohnehin müde ist und eine Pause braucht. Ein kleiner Snack, auch Leckerli genannt, der dann in Verbindung mit einem Kaltgetränk gereicht wird, macht die Auszeit umso willkommener. Wenn aber gerade eine Balgerei im Gange ist, macht es überhaupt keinen Sinn, eine Pause einzufordern. Kein vernünftiger Hund würde sich jetzt hinlegen. Daran ändern auch keine mit Wildkräutern verfeinerte Blutwurststücke vom Lieblingsmetzger am Pantaleonplatz etwas.

In manchen Situationen wird das Kommando ›Platz‹ auch gar nicht erst verhandelt, sondern schlichtweg ignoriert. Mittlerweile, Dutzende Futtersäcke ärmer und um zahlreiche vergebliche Versuche reicher, hat das mein Zweibeiner endlich geschnallt. Ich rede vom Ablegen auf dem kalten Boden. Für Huskys in permanenter

Winterbemantelung mag das angehen, für dünnfellige, sonnengewohnte Ridgebacks nicht – ganzjährig nicht.

Ohnehin weiß mein Zweibeiner oftmals bei seinen Kommandos nicht, was er will. Dann ruft er mehrfach hektisch hintereinander: »Sitz, sitz …«, auch wenn ich schon sitze. Muss ich nach dem ersten Sitz wieder aufstehen und mich dann erneut hinsetzen? Wenn es mir auskommt, will ich es ihm ja recht machen. Manchmal, so habe ich die Befürchtung, spricht er auch undeutlich. Wenn ich das Spielzeug von einem Kollegen stibitzt habe, höre ich schon mal ein hektisches »Fein, fein«, oder meint und ruft er vielleicht in Wirklichkeit »Nein, nein«? Und dann gibt es noch Begriffe, die den willigsten Hund durcheinanderbringen. Sitzplatz zum Beispiel.

In meinem Traum hatte die nette Hunde-Profi-Heidi jedenfalls alle Mühe, meinem Zweibeiner die Kursinhalte zu vermitteln. Apropos Hundeprofi: Selbst wir im I-Dötzchen-Welpenkurs, von Natur aus alles Profihunde, würden einen Zweibeiner niemals Hundeprofi nennen. Auch nicht, wenn unsere Zweibeinerin sich als Tierpsychologin bezeichnet. Immerhin besaß unsere Hunde-Heidi eine sanfte Natur. Sie empfand es schon als grenzwertige Gewalt, Hunden Namen zu geben, die harte Konsonanten enthielten und nicht auf einem lieblichen ‚i' endeten. Ich mit meinem Namen Chaka war der lebende Beweis. Doppelter harter Konsonant fördert Krawallattacken. Sie rief mich daher nicht Chaka, sondern Chaki. Einstein, der Landstraßenmischling, mutierte zum Lastrami. Die anderen Hundis waren demnach Schäfis, Dobis, Labbis und

Rottis. Wenn sie jedoch Probleme mit der Blase hatten, waren es Blasis. Gelegentlich gab es auch einen Schnappi.

Höhepunkt und zugleich eine verkappte Abschlussprüfung war der sogenannte Knackwursttest. Psycho-Heidi hatte extra die Würste im Hit-Supermarkt besorgt. Ein Exemplar für jeden Teilnehmer, Zweibeiner eingeschlossen. Die bekamen noch zusätzlich ein Brötchen und Düsseldorfer Löwensenf dazu. Während die den Imbiss sofort genüsslich verzehren durften, war das Prozedere bei uns Vierbeinern eine tierschutzrelevante Folter. Wir mussten warten. Alle nebeneinander in einer Reihe sitzend. Ich zwischen den beiden Lastramis Rambo und Oskar. Weiter rechts die quirlige Chili, die kurz vor dem Tod der Enthaltsamkeit stand, sodann Einstein, die hamstergroße Lulu und Krümel, der sich für einen lustigen kleinen Border Terrier hält, in Wirklichkeit aber ein größenwahnsinniger Kläffer mit gigantischer Profilneurose ist. Jeweils vor uns in sechs Meter Abstand auf dem Boden liegend die Knackwürste. Erst auf Kommando durften wir sie holen und fressen. Solange wurden sie von uns wie hypnotisiert angestarrt. Alle schnalzten mit der Zunge um die Wette. Rambo neben mir sabberte den Boden voll. Oskar fiepte vor Aufregung und ich leckte mir in freudiger Erwartung die Lefzen. Krümel, kurz vor dem Herzinfarkt, zitterte am ganzen Leib, konnte sich nicht mehr beherrschen und legte einen genialen Frühstart hin. Er lief aber nicht geradeaus, sondern schräg zu der für mich reservierten Wurst, schnappte diese mit einem hastigen Bissen und wollte sich auch die anderen Knackwürste einverleiben.

Im Nu war der Teufel los. Wie auf Befehl sprangen Einstein, ich und die anderen kläffend und jaulend hinterher, um unser Eigentum zu verteidigen und Krümel nach allen Regeln der Kunst zu verkloppen. Schnell war ein riesiges Fellknäuel entstanden, das die Zweibeiner durch beherzte Griffe in die Nackengegend der Akteure entwirrten.

Ergebnis: Drei Knackwürste wurden unrechtmäßig verspeist, zwei Welpen hatten ein neues Schnittmuster in ihren Ohren und ein Husi – Entschuldigung, Hundebesitzer – stand leicht unter Schock. Es gab in meinem Traum kein Abschlusszeugnis und kein Knackwurstdiplom.

»Schade«, sagte ich zu Einstein, »da haben wohl alle die Prüfung verknackwurstet.«

»Nein«, meinte er, »aber verkackt.«

Die Kochrunde traf sich erstmals im neuen Jahr Mitte Januar bei Peter und ich durfte mit. Peter hatte sich zu Weihnachten selbst mit einer neuen Wohnungsausstattung beschenkt. Die galt es zu besichtigen und einzuweihen – von den Zweibeinern und von mir. Die braune Couch war neu, ebenso der hölzerne Wohnzimmertisch mit passendem Sideboard und Fernseher drauf. Um alles wohnlicher zu gestalten, hatte Peter sich sogar eine antike Bodenvase und andere Accessoires zugelegt.

»Riecht immer noch alles ziemlich keimfrei«, meinte Jumper und hob kurzerhand sein Bein, um diesen Zustand mit einem kurzen Spritzer erträglicher zu gestalten. Meine

Nase verriet mir, dass er diese Aufgabe an der Bodenvase schon mehrfach gewissenhaft erledigt hatte.

In der Küche hörten wir einen Sektkorken knallen. Peter, Gernot und Klaus haben offenbar Kochrezepte, die immer gleich beginnen: ›Man nehme ein Glas Prosecco und schütte es in den Koch.‹

Kurz danach traten die drei Zweibeiner mit Sektgläsern in den Händen ins Wohnzimmer.

Peter präsentierte stolz seine neuen Anschaffungen und wies besonders auf die schmutzabweisenden Eigenschaften der Jersey Stretchhussen für die Couchelemente hin.

»Sehr praktisch«, kommentierte Klaus, »da kannst du dir ja eine Unterlage für den Hund sparen, wenn beim Schütteln der Sabber fliegt oder er reihern muss, weil er dein Futter nicht mag.«

»Das passiert leider bei Jumper alle Nase lang. Da ist so eine Husse wirklich zweckmäßig«, bestätigte Peter. »Er leckt dann alles brav wieder auf. Klauen, Fressen und Kotzen gehören zu seinen Lieblingsbeschäftigungen.«

»Hast du wirklich alles gut gekauft«, befand Gernot. »Besonders die alte Vase da riecht so wie sie aussieht. Meine Oma hatte früher auch mal so etwas Ähnliches, sie ist aber dann doch an was ganz anderem gestorben.«

»Jetzt ist aber gut«, murrte Peter, »ihr habt ja keine Ahnung von stilvollem Wohnen. Wir sollten besser wieder in die Küche gehen.«

Während sich die Zweibeiner weiter mit Kochen beschäftigten, es gab Risotto mit Safran und Garnelen, und den Prosecco tranken, zog mich Jumper in seine spezielle Hunde-Bar.

»Die ist wunderbar auf unsere Größe eingestellt und es schmeckt wirklich ausgefallen«, pries er sie an.

»Ja wirklich, ein ganz besonderes Eau de Toilette«, lobte ich, nachdem ich ein paar Schlucke probierte hatte. »Du musst nur immer dafür sorgen, dass der Klodeckel nicht runtergeklappt wird.«

# Kapitel 14
## Hundeprofi Blitz-Bernd

Gernot saß vor seinem PC, schrieb diesmal nicht an seinem Buch über Gott und die Welt, bei dem er manchmal Ort und Zeit und natürlich auch mich vergaß, sondern beschäftigte sich sehr intensiv mit mir. Jedenfalls indirekt. Seinen Entschluss, einen Hundetrainer einzuschalten, wollte er in die Tat umsetzen. Er sortierte die verschiedenen Angebote von Hundeprofis für Einzeltraining. Mein Leinenhalter verglich Lerninhalte und Kosten, wägte ab und rechnete. Und alles nur, um mir bessere Manieren beizubringen. Die Werbeversprechen der Anbieter ähnelten sich. Alle machten sich zu Beginn des Einzeltrainings ein genaues Bild vom Hund, schätzten sein Verhalten ein und erstellten einen individuellen Trainingsplan.

Die Preise für die Einzelstunde bewegten sich zwischen fünfundvierzig und neunundfünfzig Euro plus Fahrtkosten, im Zehnerpaket war die elfte Stunde gratis.

Gernot entschied sich für einen Hundefühler, der sich als Hundeverhaltenstherapeut beschrieb und im Netzwerk einer bekannten deutschen Hundeautorität arbeitete. Typisch mein Alter: Was einen famosen Namen hat, muss seiner Meinung nach auch gut sein. Mich hat er natürlich gar nicht erst gefragt. Hätte ihm gesagt, dass ich ohnehin alles weiß, was ein Hund so braucht und das zu viel Wissen nur schwindelig macht. Aber letztlich war es mir recht. Schließlich lautete der Untertitel dieser bekannten Institution: ›Die Hundeschule für Menschen‹. Endlich teilte mal einer meine Meinung, dass Hundeschulen für Zweibeiner da sind. Wir Vierbeiner können ja schon alles.

Letztlich, so glaube ich, war Jule mit ihrem Einstein dafür verantwortlich, dass mein Gebieter so viel Zeit und Geld in mich investieren wollte. Ihm waren Situationen zunehmend peinlich, wenn er wild fuchtelnd am Wegesrand versuchte, sich für mich interessanter zu machen als das jagdbare Wild um uns herum und fortgesetzt stimmgewaltig schrie: »Stoppp! Kommmm! Siiitz!« Wenn Jule mich dann unaufgeregt, aber energisch rief und auch noch Erfolg hatte, stand mein Oberaufpasser mit offenem Mund da, als hätte er beim Vorsprechen im Theater seinen Text vergessen.

Er träumte dann davon, dass seine Kommandos an mich in Echtzeit und bedingungslos ausgeführt würden. Dass ich bei ›Bleib‹ sitzen bliebe, bis es dunkel wird und am Boden festfrieren würde. Dass ich bei ›Stopp‹ eine Vollbremsung mache, auch wenn ich bereits die Hinterbeine des Karnickels erwischt hatte und er nur ›Nein‹ zu flüstern braucht, damit ich die Fleischwurst selbst dann noch ausspucke, wenn sie schon halb verdaut im Schlund hängt. Letztendlich, so glaube ich, träumte er aber einfach davon, Jule zu imponieren.

Einige Tage später klingelte der von ihm gewählte Hundepapst an der Haustür zur ersten Individualstunde.

»Hallo, ich bin Dieter Heitkötter«, stellte er sich vor und beachtete mein Bellen nicht, mit dem ich jeden Eindringling empfange. Mehr noch, der Typ war völlig anders, er ignorierte mich erstmal komplett. Er sprach mit meinem Zweibeiner und würdigte mich keines Blickes. »Nenn mich einfach Dieter«, bot er Gernot unkompliziert an.

Die beiden setzten sich aufs Sofa und palaverten über aggressive Problemhunde im Allgemeinen und über Hunde mit emotionsflexiblem Charakter (Originalton Gernot) oder blöde Mistviecher (Originalton unseres Nachbarn), also über mich.

Apropos blöde Mistviecher. Diese Beschimpfung habe ich auch schon von Leuten gehört, die mich noch weniger gut kennen als unser Nachbar. Wieso soll gerade ein Hund besonders blöd sein? Es heißt doch immer, wir sind der beste Freund des Menschen. Diese Kränkung ist unlogisch und höchst ungesittet. Katzen sind auch nicht gescheiter. Hasen und Eichhörnchen sind zwar schneller und wendiger als unsereins, zugegeben, aber intelligent sind sie nicht. Immerhin kennen wir Hunde unsere Pappenheimer, die sich als unsere Herrchen ausgeben. Wenn ich meinen Zweibeiner sehe, weiß ich sofort, ob er gut oder schlecht gelaunt ist. Ich kenne seine Gewohnheiten, spüre seine Stimmung und verstehe ziemlich genau, was er sagt. Das soll mir mal eine Wüstenrennmaus nachmachen.

»Wo drückt denn mit Chaka der Schuh im Einzelnen?«, fragte Hundeprofi Bernd.

»Ich habe da mal eine Liste gemacht«, antwortete Gernot und schob das auf dem Wohnzimmertisch liegende Blatt Papier Bernd zu.

Dieser las leise vor und kräuselte die Stirn, wie es ein Ridgeback nicht besser gekonnt hätte:

- Sie geht mir aus dem Weg.
- Sie rennt vor mir weg.
- Sie hört nur, wenn sie will.
- Sie betrachtet mich nur als Dienst- und Service-personal.
- Sie frisst sich den Bauch mit Futter voll und will noch mehr.
- Sie frisst sich den Bauch mit Gras voll und reihert.
- Sie findet Hasen interessanter als mich.
- Sie findet Jule interessanter als mich.
- Sie schmust mit allen, nur nicht mit mir.
- Ich habe sie ungemein gern und sie schnallt es nicht.

»Soso«, kommentierte der Hunde-Bernd für hoffnungs-arme Fälle und bestätigte hochgradigen Erziehungsnach-holbedarf. Erst jetzt wandte er sich mir zu, nachdem ich ihn ausgiebig beschnüffeln konnte. Als Bernd nach meinem Alter fragte, stellte er blitzartig fest, dass ich mit meinen knapp zwei Jahren eigentlich aus dem Flegelalter raus sei, wodurch sein Ruf als Hundepapst bei Gernot nachhaltig bestätigt war, sozusagen als Blitz-Bernd.

»Wir müssen erst einmal die Vertrauensbasis zwischen Hund und Halter vertiefen«, dozierte Bernd fachmännisch. Anschließend behandeln wir die wichtigsten Kommandos wie: ›Sitz!‹, ›Platz!‹, ›Bei Fuß!‹, ›Komm!‹, ›Bleib!‹ und ›Aus!‹. Danach im zweiten Schritt: ›Lauf!‹, ›Bring!‹, ›Hopp!‹, ›Schau!‹, ›Lass los!‹ sowie den Superrückruf.«

»Und zum Schluss: ›Ichgebsauf!‹«, fiel Gernot ihm ins Wort, wobei das Gesicht seines Hundehalterschädels deutlich Spuren der vermuteten Kostenexplosion zeigten, trotz Gratisstunde nach jedem Zehnerblock.

»Nur Mut, wir schaffen das schon«, munterte Bernd meinen Zweibeiner auf. »Wichtig ist eine klare Rollenverteilung. In einem Rudel gibt es nur zwei Rollen: die des Führers und die des Mitglieds. Und wenn du nicht der Rudelführer deines Hundes bist, wird Chaka diese Aufgabe übernehmen und dich dominieren.«

Gernot nickte einsichtig, das kam ihm bekannt vor, das verstand er. Er fragte sich an dieser Stelle, ob jetzt diese durchgeknallten Tipps kämen, die er in einschlägigen Foren im Internet gelesen hatte. Zum Beispiel, immer vor dem Hund durch eine Tür zu gehen (gelingt kaum, ich bin schneller) oder als Erster aus dem Hundenapf zu essen (selbst wenn er es machen würde, es funktioniert auch nicht, mir ist wichtiger, dass anschließend noch genügend da ist).

Zum Glück kam nichts dergleichen. Bernd schlug vor, nach draußen in den Garten zu gehen, um einige Übungen zu demonstrieren. »Der Rudelführer geht nie seiner Gefolgschaft entgegen, sie kommt zu ihm«, redete er sich warm. Zudem prangerte Bernd lautes Rufen von

Kommandos als Starkzwangmittel an und betonte: »Kommandos werden auch nicht wiederholt. Nutzt der Ruf ›Komm!‹ nichts, dann auf keinen Fall auf den Hund zugehen. Besser ist, sich wegzudrehen und in die entgegengesetzte Richtung zu laufen.«

Hat Herrchen direkt ausprobiert, funktionierte aber nicht. Hinter ihm war die Hauswand.

Ich musste innerlich schmunzeln. Unter Blinden ist der Einäugige halt König. Unser Blitz-Bernd befand sich zwar auf dem richtigen Weg, war aber offenbar noch nie Hund gewesen. Hätte Gernot sich statt des verbalen Kommandos ›Komm!‹ abgewendet, niedergebückt und in die Hände geklatscht, dann wäre ich neugierig geworden und zu ihm gelaufen. Ganz ohne Aufforderung. Die Kommunikation zwischen Zweibeinern und Hund ist halt oftmals kompliziert und stressig. Als Hund bin ich wahlweise schuld,

a) weil ich Kommandos richtig interpretiere und falsch reagiere oder

b) weil ich sie falsch interpretiere und falsch reagiere
oder

c) weil ich auf Kommandos überhaupt nicht reagiere.

Eines der Hauptprobleme ist: Zweibeiner denken einfach nicht logisch. Kommandos wurden von Gernot fast immer wiederholt. Das mag daran liegen, dass ich sie nicht ausführte, also Punkt c). Schließlich habe ich noch andere wichtige Sachen zu erledigen, so da wären: Grashalme untersuchen, Fährten verfolgen oder Kollegen vermöbeln. Bin ja nicht nur zum Fressen und Kacken auf der Welt. Wenn ich mal nichts Wichtiges vorhabe und sein Rufen als eine angenehme Abwechslung betrachte, dann komme ich seiner Aufforderung auch nach. Aber doch nicht sofort. Gott schuf die Zeit, die Eile haben die Zweibeiner gemacht. Gernot ruft also zumeist mehrfach, damit ich zumindest irgendwann drauf höre. Nun gehört der Hund, wie der Mensch, zu den Gewohnheitstieren. Wenn Gernot normalerweise dreimal ruft und sich dann plötzlich mit einer einmaligen Aufforderung begnügt, dann ist dieses unikale Signal so viel wert wie die Vorabinformation im Navi seines Tiguans, die mit ›demnächst‹ beginnt.

Ein anderes Beispiel für die seltsame Logik der meisten Zweibeiner wurde mir an diesem Tag deutlich. Ich stand etwa zehn Meter von den beiden entfernt, als ich von Gernot das Kommando ›Sitz!‹ erhielt. *Okay*, dachte ich, *im Moment steht nichts anderes an, kannst also ruhig Kooperationsbereitschaft zeigen.* Lief zu ihm hin und setzte mich vor seine Füße und schaute ihn stolz an. Ergebnis: Falsche Kommandoausführung (siehe oben Punkt b)! Dabei habe ich genau das gemacht, was Gernot immer will, wenn er »Sitz!« ruft: mich vor seinen Füßen mit dem Hintern nach unten aufzubauen und dort zu bleiben. Habe ein Leckerli von Gernot erwartet, stattdessen aber einen Anpfiff bekommen.

Doch dann trat Blitz-Bernd auf den Plan, den wir wohl beide unterschätzt hatten. Der sagte meinem Zweibeiner deutlicher als ich es je gekonnt hätte, er habe es versaubeutelt und nicht ich. Habe dennoch kein Leckerli bekommen – sage ja: unlogisch, die Zweibeiner. Dieter erklärte meinem Gernot jedenfalls, dass er einen Zwischenruf, nämlich ›Bleib!‹, installieren müsse. Dann würde ich auch wissen, wo ich mich hinsetzen soll.

Auch bei einem anderen Aspekt hatte Hundeprofi Bernd uneingeschränkt recht. Lautes Schreien passt nicht zu einem Rudelführer. Viele Zweibeiner wiederholen nicht nur ihre Kommandos, sie erhöhen mit jeder Wiederholung auch deren Lautstärke. Bei einem Spaziergang im Wald zum Beispiel wäre es brutale Tierquälerei, minutenlang ins Unterholz zu brüllen, bis auch das letzte Reh einen Hörsturz hat! Laute Wesen sind ängstlich oder einer Situation nicht gewachsen. Das gilt für Hunde wie für Menschen. Die echte Führungspersönlichkeit kommuniziert in gepflegter Zimmerlautstärke.

## KAPITEL 15

## WO WILL DER HUND GEKRAULT WERDEN?

Nach drei Trainingseinheiten im Einzelunterricht zeigten sich bei den Erziehungsbaustellen vereinzelte Erfolgserlebnisse. Ich knurrte Herrchen nicht mehr an, wenn er zu mir ins Bett wollte, die Bindung zu meinem Zweibeiner wurde durch Handfütterung vertieft und die Jagdtriebvermeidung durch Desensibilisierung vor den Freilaufgehegen des örtlichen Zoos verbessert. Sitzübungen vor aufspringendem Niederwild klappten dagegen noch nicht so gut. Auch Ausflüge mit dem Fahrrad führten wegen vereinzelter ungeplanter Zwischenstopps im Wegbegleitgrün noch zu gelegentlichen Verschnupfungen von Herrchen.

Unlängst hatte ich ihn erst vom Fahrrad und dann durch die Böschung gezogen. Fahrrad und Zweibeiner waren danach aber wohlauf. Ebenso der Verursacher des Zwischenfalls, ein älterer japanischer Akita. Der war am Rollator seines schon betagten Leinenhalters angebunden. Anschließend wankte das Wahnsinnsgespann ungerührt weiter.

Peter echauffierte sich beim gemeinsamen Mittagsspaziergang am Aasee über andere Hundehalter: »Was gibt es doch für gehirnamputierte Dösbaddel«, und wies auf die am Boden liegenden Hundekotbeutel. »Wenn man die Kacke schon eintütet, kann man die Beutel doch auch entsorgen.«

»Richtig«, bestätigte Gernot: »Wozu man die wie Trophäen in die Zäune hängen muss, ist mir ein Rätsel.«

Die beiden Zweibeiner schüttelten den Kopf über die schwarzen und roten Kotbeutel, die in den Schafweidezäunen entlang der Aaseeauen von halbdementen Hundehaltern deponiert worden waren.

»Vielleicht gibt es einen städtischen Hundekotbeutelentsorgungsdienst und wir wissen nichts davon«, spekulierte Peter.

»Rot für Rüden, schwarz für Hündinnen«, schlug Gernot vor. »Das wäre dann eine echte Innovation: Eine Entsorgung mit geschlechtsspezifischer Kacketrennung.«

Wenn man regelmäßig unser Auslaufrevier am Aasee aufsucht, sind einem nach kurzer Zeit die anderen Spaziergänger vertraut. Man sieht sich, grüßt sich und nimmt sich die Zeit zu einem Plausch. Dies gilt insbesondere für Hundehalter untereinander. Diese heile Welt der Hundebesitzer zeichnet sich durch ein erstaunliches gleichberechtigtes Gefüge aus. Der soziale Status, Geschlecht und Herkunft sind unwichtig. In seltener Ein-tracht bilden unauffällige Rentner, brav wirkende Hausfrauen, trendige Studenten, urbane Anzugsträger, gottbeseelte Kleriker und verkniffene Jogger eine geradezu verschworene Gemeinschaft.

Dem aufmerksamen Betrachter wird auffallen, dass Zweibeiner und Hund sich oftmals ähneln. Manche Paare sind wie aus einem Holz geschnitzt und passen zueinander wie der Deckel zum Topf. So scheint zum Beispiel die Blondine mit den verwehten Wuschelhaaren den Friseur mit ihrem Yorkshire Terrier zu teilen und die Frau mit den Zöpfen hat unverkennbare Ähnlichkeit mit ihrem English Cocker Spaniel und seinen Schlappohren. Zwei- und Vierbeiner beeinflussen sich gegenseitig und gleichen sich langsam wie menschliche Zwillinge an. Und dies nicht nur äußerlich. Zwischen Mensch und Hund findet eine gegenseitige Stimmungsübertragung statt. Unsichere Menschen haben eher unsichere Hunde. Selbstbewusste Leinenhalter hingegen wählen oft eigenständigere Hunde. Über die Jahre hinweg gleichen sie sogar die Mimik an und entwickeln ähnliche Gesichtszüge. Dies geht bis hin zur Kleidung. Ohne Hundehaare fühlt sich der echte Hundehalter nicht richtig angezogen.

Beim geselligen Plaudern unserer Zweibeiner am Aasee sind wir, die Vierbeiner, natürlich Hauptthema. Hundebesitzer erzählen dann gerne stolz, was wir für prächtige Exemplare sind, was wir alles können und was wir dank der feinfühligen Intuition des jeweiligen Besitzers gelernt haben. Die Zweibeiner überbieten sich oftmals in ihrem Selbstlob und man fragt sich, warum so bekannte Hundeflüsterer wie Cesar Millan oder Martin Rütter sich nicht unauffällig unter die Gassigänger mischen – von denen könnten sie noch so einiges lernen.

Der Hundehalterplausch wird dann oftmals noch um unsere angeblich schwierigen Eigenschaften ergänzt. Dass wir notorisch Kommandos missachten, Pferden auf der Koppel nachstellen oder schreiende Kinder anbellen. Dies dient aber nur dazu, die eigene Leistung in der Hundeerziehung in einem noch besseren Licht erscheinen zu lassen. Trotz solcher Handikaps ihrer Vierbeiner haben diese Hundehalter schließlich eine phänomenale Erziehungsleistung hingelegt. Bezeichnenderweise kennen die hundehaltenden Stammgäste im Aasee-Revier die fremden Vierbeiner fast so gut wie die eigenen. Natürlich sind ihnen auch deren Namen geläufig. Ganz im Gegensatz zu denen der Hundehalter. Die duzt man zwar, aber wie sie heißen, ist oftmals nicht bekannt.

Vor wenigen Wochen kam es bei solch einem Namensaustausch zu einem lustigen Missverständnis. Ein älterer, sehr distinguiert auftretender Mann mit einem gefährlich aussehenden Kampfhund, einem Bullmastiff, dessen Gebiss jedem Weißen Hai alle Ehre gemacht hätte, kam mit unseren Leinenhaltern ins Gespräch. Normalerweise haben Peter und Gernot eine bestimmte Vorstellung von den Besitzern solcher Kampfhunde: halbstarke Proleten, die ihren American Bulldog, Bullmastiff oder Dogo Argentino als beliebtes Mittel zur kosten- und schmerzfreien Penisvergrößerung verwenden. Offensichtlich gehörte dieser ihnen unbekannte Kampfhundhalter nicht in diese Kategorie. Im Verlauf des Small Talk wurden Jumper und ich dem feinen Herrn mit Namen vorgestellt. Unsere Zweibeiner waren gespannt, ob der Bullmastiff nun Tyson, Hektor, Hulk oder Herkules heißen würde. Entsprechend überrascht waren Peter und Gernot, als sie den Namen »Herr Hartmann« hörten. Na schön, dachten sie, wenn sich die erlauchte Vornehmheit nur selbst, und dann auch noch in der dritten Person vorstellt und den Namen des Hundes nicht preisgeben will, dann passt das durchaus zu seiner äußeren noblen Erscheinung. Nicht nur überrascht, sondern auch irritiert waren unsere Zweibeiner dann aber, als sie nach dem Treffen mit dem mondänen Herrn ein lautes »Herr Hartmann, Herr Hartmann, komm sofort zurück« hörten. Mindestens zwei andere Spaziergänger schauten sich verunsichert nach dem elegant gekleideten Herrn und seinem davonlaufenden Hund um. Sie waren ebenso wie wir perplex, dass wohl der Bullmastiff gemeint war.

»Der ist aber neu hier«, rief Peter erstaunt aus und sah in die Richtung, aus der sich ein Mann mit einem kräftigen Pitbull näherte.

»Und angeleint«, stellte Gernot nachdenklich fest. Er fragte rhetorisch: »Ist das bei Pitbulls gut oder schlecht?«

»Wir sollten wohl unsere Knallfrösche auch mal anleinen«, antwortete Peter und fragte: »Wo sind die überhaupt?« Er nahm seine Hundepfeife und ließ zwei kurze laute Töne erschallen.

Jumper und ich waren außer Sichtweite unserer Zweibeiner auf Entenjagd. »Lecker Ente«, rief er immer, wenn er sie auf unseren gemeinsamen Streifzügen am See entlang sah. Im Gegensatz zu mir verfolgte er sie auch im Wasser. Mir war das zu nass, ich blieb lieber an Land und sah zu, wie er einmal mehr den Viechern ergebnislos hinterherschwamm. Anschließend musste ich dann regelmäßig seinen Frust ertragen. So auch jetzt. Er kam aus dem Wasser, schüttelte sich und fing mit mir eine Balgerei zwecks Adrenalinabbaus an, als wir die Pfiffe von Peter hörten. Dankbar für die Unterbrechung spurtete ich zu unseren Zweibeinern, Jumper hinter mir her.

Als wir bei Peter und Gernot ankamen, standen diese bei dem unbekannten Pitbull nebst Herrchen. Bevor wir den Eindringling in gewohnter Weise anpöbeln konnten, nahmen uns unsere Zweibeiner an die Leine. »Seetzdiich«, kommandierte der Fremde gerade in Richtung seiner Pitbull-Hündin, was die auch prompt tat.

»Ich nehme sie immer an die Leine, damit die anderen keine Angst bekommen«, erklärte der untersetzte Pitbull-Halter. »Dabei ist Scarlett völlig harmlos«, ergänzte er.

Ich schaute amüsiert. Wie hieß dieser Hund: Scarlett? Hatte ich richtig gehört? Geht das überhaupt? Ist es erlaubt, einen Pitbull Scarlett zu nennen? Gibt es dagegen nicht Gesetze oder EU-Verordnungen? So heißt allenfalls ein weibliches Wesen, das in Kalifornien lebt, ein Anwesen bewohnt, auf dem man tagelang herumreiten und froh sein kann, wenn man wieder zurückfindet und das zwischendurch in Hollywood Filmaufnahmen für das Privatfernsehen macht. Alternativ arbeitet eine Scarlett für eine Agentur, die unter Nullneunhundert zu erreichen ist und gewisse spezielle Dienste anbietet. Man kommt jedenfalls nicht als Pitbull auf die Welt und wird dann Scarlett genannt. Trotz dieser Macke war die Hündin ziemlich respekteinflößend. Leinenhaltung ist doch nicht immer so schlecht.

Wenn ich mit Gernot zu Hause bin und mir langweilig wird, was oft genug der Fall ist, habe ich eine effektive Art entwickelt, mir die Zeit zu vertreiben. Ich gehe zu meinem Zweibeiner und starre ihn an, nichts weiter – ich starre ihn einfach nur an. Wenn er am Schreibtisch sitzt und arbeitet, dauert es zwar eine gewisse Zeit, bis er meine Gegenwart gecheckt hat, aber dann ist es schnell aus mit seinem konzentrierten Schreiben. Ich muss dabei gar nichts tun. Ich fiepe nicht, ich gähne nicht, ich schaue ihn nur beständig an.

Das funktioniert auch, wenn er nach einem Buch gegriffen hat. Ich schaue ihn einfach nur lang genug an, am besten in die Augen. Er wird dann mit der Zeit unruhig und fragt sich womöglich, ob er das richtige Buch liest oder es vielleicht falsch herum hält. Der sanftmütige Blick meiner braunen Augen verfehlt normalerweise nicht seine Wirkung. Es ist zumeist nur eine Frage von wenigen Minuten, bis er aufsteht und etwas mit mir unternimmt.

Ich muss nur aufpassen, dass mein Zweibeiner meine Spielaufforderungen nicht missbraucht, um eine Schmusepause mit Kopfkraulen einzulegen. Dieser Annäherungsversuche muss ich mich insbesondere abends beim gemeinsamen Fernsehen erwehren. Wenn er neben mir auf der Couch sitzt, schaue ich ihn erst gar nicht an, um kein Kopfkraulen zu provozieren. Noch schlimmer ist es, wenn er versunken ins Fernsehprogramm versucht, meine Ohren zu bearbeiten, als würde er irgendwelche Servietten für den nächsten Kochabend falten. Wenn er dann lange Arme macht oder mir bedenklich nahe rückt, drehe ich mich einfach um. Popokraulen finde ich nämlich toll, Kopfkraulen dagegen blöd. Er sieht das umgekehrt.

# Kapitel 16
## Was tut man nicht alles
## für die Katz'?

Ein wichtiges Ereignis warf seinen Schatten voraus. Gernot kam eines Samstagmorgens von der Gärtnerei Orschel mit einem stattlichen Blumenstrauß nach Hause. So etwas hatte er noch nie besessen. Dass wir nachmittags nach Handorf fahren und dort Jule und Einstein treffen würden, war mir schon klar. Das funktionierte bisher aber auch ohne floristisches Beiwerk. Irgendetwas Spezielles war da im Busch, zumal mein Leinenhalter an diesem Tag einen besonders aufgeräumten Eindruck machte.

Es roch nach sonnigem Frühling und die Bäume schmückte ein zartes Grün, als wir zur gewohnten Zeit Einstein und Jule trafen. Das Revier war gut besucht. Die Hundewelt war auf den Pfoten. Die meisten Vierbeiner werden einmal das, was sie später sind: Gemütliche Berner Sennenhunde, aufmerksame Hovawarts, rotäugige sabbernde Bernhardiner, furchteinflößende Mastiffs, aufmerksame Rottweiler, großohrige Deutsche Doggen, diszipliniert wirkende Boxer, Schnautzer unterschiedlicher Größe, kupierte Dobermänner, langhaarige Bobtails und Mischlinge jeder Art waren zu sehen. Sogar zwei Ponys mit ihren Besitzern kreuzten unseren Weg.
Ein Rudel Labbis hatte eines der beiden großen Wasserlöcher vereinnahmt. Trotz der vielen Möglichkeiten, mit

fremden Hunden zu spielen, mit ihnen irgendeinen Unfug zu machen oder einen Streit vom Zaun zu brechen, beschäftigte ich mich lieber mit Einstein. Wenn andere Rüden zu sehr Interesse an mir zeigten, war er schnell zur Stelle und scheuchte sie weg. Als ein dreister kurzbeiniger Lover mich so fesch fand, dass er zur Begrüßung sein Bein hob, mich anpinkelte und mich anschließend heiraten wollte, war sofort eine wüste Keilerei im Gange. Hatte keine schlimmen Folgen. Die kleine Flachpfeife verstand schnell und legte einen fulminanten Abgang hin. Ist ein schönes Gefühl, wenn sich zwei Kerle um einen kloppen.

Die Besonderheit an dem heutigen Treffen mit Einstein und Jule wurde mir erst bei der Rückfahrt klar. Gernot fuhr nicht nach Hause, sondern folgte Jule mit unserem Wagen bis zu ihrer Wohnung im Stadtteil Mecklenbeck. Sie hatte uns dort zum Kaffee eingeladen. Deswegen also der Blumenstrauß, der jetzt zum Einsatz kam.

Wir waren das erste Mal in ihrer Wohnung. Sie befand sich in einer kleinen Anlage am Kleibusch und lag günstig zwischen zwei Waldgebieten, die sich für Gassigänge gut eigneten. Schnell wurde mir klar: Jule hatte ein Zimmer in der Hundewohnung von Einstein und nicht umgekehrt. Jeder Raum war mit viel Spielzeug, einem Körbchen, Hundebett, Fatboy oder gar mit einer Höhle ausgestattet. Kurzum: Es sah aus wie in einer Fressnapf-Filiale. Einstein musste jeden Abend den Stress haben, sich aufs Neue zu entscheiden, wo er schlafen wollte.

Jule hatte den Tisch schon gedeckt. Es roch nach Kaffee und selbstgebackenem Apfelkuchen. Die Zweibeiner haben es gut. Wenn die sich näher kennenlernen wollen, laden die sich einfach gegenseitig ein. Für unsereins ist das verdammt schwierig. Wenn ich das zu Hause machen würde, so eine Art offene Hunde-WG, würde bestimmt das Ordnungsamt einschreiten.

Als die Zweibeiner sich ›futtertechnisch‹ hinsetzten, beschlossen Einstein und ich, in den Garten zu gehen.

»Mit der Katze vom Nachbarn ist übrigens nicht zu spaßen«, warnte mich Einstein beim Verlassen des Hauses. »Vorige Woche hab ich sie abends beim Pinkeln in unserem Garten erwischt, bin ihr unter die Tanne nach und wollte sie kneifen. Sie hat mir mit ihren ausgefahrenen Krallen voll eins auf die Schnauze gegeben. Ich habe ordentlich geblutet und der Kopf hat mir einige Tage wehgetan.«

»Und du hast dir das gefallen gelassen?«, fragte ich erstaunt.

»Ich wollte ihr das natürlich heimzahlen«, antwortete Einstein, »aber die Kratzbürste war dann immer nur nachts unterwegs, und da habe ich keinen Ausgang.«

»Katzen sind langweilige Viecher«, bemerkte ich respektlos. »Sie hängen die meiste Zeit herum, rühren sich kaum, laufen wollen sie nur im Notfall, und sie sind notorische Einzelgänger. Gemeinsames Spielen kennen sie nicht. Zusammen sind sie nur bei der Paarung, und da machen die Kerle die halbe Nacht einen fürchterlichen Krach. Man – und Hund auch – kann kaum schlafen, und wir müssen dann die schlechte Laune unserer Zweibeiner ausbaden.«

Wir waren kaum im Garten, als Einstein aufgeregt rief: »Katzenalarm! Katzenalarm!«

Ich roch es auch. Und dann sah ich sie auch schon. Eine schwarze Katze. Das Feindbild schlechthin. Auf einer Gartenbank liegend, schaute sie uns frech an. Zeit für den großen Showdown.

»Hol sie dir. Du als Ridgeback bist doch der geborene Katzenjäger«, rief Einstein aufgeregt. Jetzt, wo er es sagte, wurde mir das auch klar. »Ich sichere den rückwärtigen Eingang«, tat er noch heldenhaft kund.

Schnurstracks lief ich Richtung Gartenbank, vorbei an der Engelsstatue, die himmlische Harmonie verkündete. Aber für friedvolle Eintracht war jetzt nicht die Zeit. Ich war entschlossen und bereit, dem Mistvieh die Leviten zu lesen. Sie stand auf und sprang lässig über die Gartenbanklehne auf einen kleinen Mauersims, wohlwissend, dass ich sie dort nicht erreichen konnte. Ich fixierte sie wie ein Bussard die Feldmaus. Zwei kalte gelbe Katzenaugen schauten mich an, als ob ich ihr letztes Futter weggefressen hätte.

»Jetzt kann sie uns nicht mehr entwischen«, jubilierte Einstein. Ihr war der Rückzug abgeschnitten. Die Mauer hinter ihr war für eine Flucht zu hoch. Sie konnte nur abwarten, dass wir die Jagd aufgaben oder mit einem kühnen Satz über mich hinweg quer über den Rasen zu einer niedrigeren Mauer laufen, um diese zu überspringen und zu entkommen.

Ich malte mir schon aus, wie ich diese arrogante Zicke nach Strich und Faden vermöbeln würde. Einstein könnte dann richtig stolz sein, mit einem begnadeten Katzenjäger wie mir befreundet zu sein, der die Tradition seiner afrikanischen Vorfahren sogar im Münsterland erfolgreich pflegt. Leider bewahrheitete sich auch in diesem Augenblick, dass neunundneunzig Prozent aller Hundeprobleme zwei Beine haben. Genau genommen waren es in diesem Fall zweimal zwei Beine. Jule und Gernot waren just in dem Moment in der Terrassentür erschienen, um nach uns zu rufen. Nur kurz waren wir abgelenkt, doch diese Kanaille nutzte das sofort aus, sprang über mich hinweg, lief zielstrebig über den Rasen und schwang sich auf die Grenzmauer. Hämisch schaute sie auf uns herab.

»Du verdammtes Katzenvieh«, rief ich ihr zu. »Warte nur ab, ich kriege dich noch. Mir ist noch keine Katze entwischt.« Das war noch nicht mal gelogen. Denn bis dahin hatte ich ja noch keine gejagt.

# Kapitel 17
## Hundedoppelpack

Auf der Rückfahrt von unserem Besuch bei Einstein und Jule am frühen Abend döste ich im Wagen und ärgerte mich über die erfolglose Katzenjagd. Ich tröstete mich damit, dass Einstein auch nicht die beste Figur abgegeben hatte, er war schließlich lediglich dezent im Hintergrund geblieben. Jeder hat halt so seine Schwachstellen. Er blieb für mich dennoch ein sehr attraktiver Rüde.

Das Erfreulichste an diesem Nachmittag war aus der Unterhaltung zwischen Jule und Gernot herauszuhören gewesen. Jule musste wohl am kommenden Montag beruflich nach München reisen und würde erst drei Tage später zurückkommen. Die entscheidende Frage hierbei war: Wo bleibt Einstein? Normalerweise kümmerte sich tagsüber ein Rentner um ihn, der zwei längere Gassigänge mit ihm machte. Einstein hatte auch schon mal bei ihm übernachtet. Aber dieses Mal sollte es anders sein. Wenn Einstein und ich das richtig mitbekommen hatten, würde er bei uns schlafen und dann bestimmt auch tagsüber mit mir zusammen sein. Ein schöner Gedanke. Wir würden gemeinsam Abenteuer erleben. Mir kam eine ausgefallene Idee in den Sinn. Ich könnte ihn mit einem kleinen Gedicht empfangen. So etwas hatte er bestimmt noch nicht erlebt. Die passenden Wörter und Sätze hüpften noch etwas ungeordnet zwischen meinen Murmeln im Kopf umher, aber dann, nachdem sich alles etwas gesetzt hatte, ging es fast wie von selbst:

*Du bist ein Hund der besonderen Klasse,*
*ohne Stammbaum und ohne Rasse!*

*Ein Vierbeiner, der ohne Bürde*
*den Namen Einstein trägt mit Würde*
*Du bist berühmt im ganzen Münsterland*
*ob deiner Tugend und deinem Verstand.*

*Du bist ein Muster an Zuverlässigkeit,*
*der Langmut und Bescheidenheit.*
*Man hört dich loben, man hört dich preisen,*
*unter uns Hunden als Nathan den Weisen.*

*Nur du hast Kraft und auch die Energie*
*im Kopf, im Körper und im Knie,*
*zu trotzen all den Schurkenhunden,*
*die lustvoll mich wollen vermöbeln mit Wunden.*

Ja, so geht es, dachte ich. Das wird ihm gefallen. Nur am Schluss fehlt noch was. Zu viel Lobhudelei macht ihn übermütig. Und ein kleiner Seitenhieb wäre auch nicht schlecht. So fügte ich noch eine letzte Strophe hinzu:

*Nur Katzen sind ein Problem für dich,*
*aber für diese Kreaturen hast du ja mich.*
*Ich werde sie jagen, wo immer eine sei*
*und mache ganz Münster katzenfrei.*

Mit Spannung erwartete ich den Sonntagabend. Würde Jule Einstein wirklich bei uns abliefern? Tatsächlich, am frühen Abend fuhr ihr Tiguan in unsere Garageneinfahrt. Die Freude war groß, als die beiden ausstiegen. Zu ihr gesellte sich die Überraschung, als Herrchen und ich das Reisegepäck von Einstein sahen. Wollte er auf Dauer bei uns einziehen? Zwei Daunenkörbchen, diverse Decken, eine Kiste mit Spielzeug, eine große Dose mit verschiedenen, noch verpackten Leckerlis und mindestens zwei Zentner Trockenfutter. Dazu zwei Lederhalsbänder mit Steuermarke und Tasso-Plakette, eine Rolle Kotbeutel, zwei Fressnäpfe und den Pet-Passport.

»Die Hundeblutwürste habe ich leider vergessen«, meinte Jule.

»Nicht nur die«, antworte Gernot. »Den Gewerbeschein für den Hundebedarfsshop, den ich jetzt aufmachen kann, auch.«

Jule lachte und hoffte, mein Leinenhalter habe nicht zu viel Arbeit mit zwei Hunden.

»Einstein ist doch recht unproblematisch und wird auf Chaka bestimmt einen positiven Einfluss haben«, sagte dieser allen Ernstes.

Einstein sah mich an und meinte vieldeutig: »Das Stolpern lernt der Mensch von Fall zu Fall.«

Ein unerwarteter Vorteil durch Einsteins Anwesenheit zeigte sich beim Abendfressen. Mein Standardtrockenfuttermampf wurde durch eine Handvoll exquisiter Biokost aus Einsteins Gourmetvorrat verfeinert. Schmeckte nach mehr. Als ich mir beim Langsamfresser Einstein einen Nachschlag holen wollte, hatten wir prompt den ersten Streit. *Nun ja*, dachte ich mir, *mit dem Willkommensgedicht für Einstein warte ich wohl noch etwas.*

Als wir am anderen Morgen zum ersten Gassigang in den Hundewald aufbrachen, grüßte uns Nachbar Nölkenhöner mit der freundlichen Bemerkung: »Beim ersten Hund schon überfordert sein, aber sich einen zweiten zulegen!« Ob sonst alles in Ordnung sei, fragte er noch. Nölkenhöner hatte früher selbst zwei Hunde gehabt und wusste, wovon er sprach. Und nun war er leidvoller Besitzer eines zweifach genagelten Zeigefingers, nachdem ihm sein ehemaliger langhaariger Schäferhund Nero gezeigt hatte, was eine Harke ist. Dessen Bruder Avanti zeigte ebenfalls eine Vorliebe für Perforierungen bei Zweibeinern. Er hatte zuvor schon Frau Nölkenhöner in die delikate Wade gebissen.

Im Hundewald angekommen, trafen wir einige alte Bekannte, denen ich stolz Einstein vorstellen konnte. Auch Brutus mit seiner rothaarigen Reithose war da. Die fragte direkt neugierig, wer denn der neue Hund sei. Bevor Gernot etwas sagen konnte, waren sämtliche Akteure durch die Leinen der im Kreis laufenden Hunde verstrickt. Die Reithose verlor das Gleichgewicht und landete – völlig unbeabsichtigt, versteht sich – in den Armen von Gernot.

»Oh, das tut mir leid«, jauchzte sie, während Gernot sich aus ihrem Zugriff löste und sie säuselte: »Du bist der Mann an der richtigen Stelle.«

»Ja«, meinte er, »aber das mit dem Leinenmanagement muss ich noch üben.«

Die Reithose sah wieder auf Einstein und wiederholte stumm ihre zuvor gestellte Frage. Gespannt wartete ich auf die Antwort meines Leinenhalters. Hätte mich nicht gewundert, wenn er jetzt rumeiern würde.

»Das ist Einstein, der Hund meiner Freundin, den ich für ein paar Tage in Pflege habe.« Seine Antwort gefiel mir. Das eröffnete Perspektiven.

Der Reithose fiel die Kinnlade herunter. »Ach so«, meinte sie, »ich dachte, du wärst solo!« Sie hatte es dann plötzlich ziemlich eilig und zog Brutus, der solch ein Gassitempo nicht gewohnt war, an der gespannten, ihn halbstrangulierenden Leine hinter sich her. *Die sind wir los*, dachte ich, wobei es mir fast um Brutus leidtat, der immer gerne mit mir geplauscht hatte.

Gernot saß sich am Schreibtisch den Hintern platt und hatte noch kein Wort geschrieben. Entsprechend war seine Laune. Die verschlechterte sich noch, weil er ständig gestört wurde. Entweder rappelte das Telefon und Tante Henny verwechselte ihn mit der Hotline ihres Smartphonebetreibers – sie hatte ihre Pin vergessen – oder die Haustür klingelte. Letzteres sorgte bei Einstein und mir stets für kurzfristige Abwechslung. Wir konnten Herrchen dann im Duett als akustischer Verstärker auf den Besucher aufmerksam machen. An manchen Tagen klingelte es sogar öfter. Die Typen, die dann vor der Haustür standen, kannte ich schon. Entweder kamen sie mit einem blauen Pkw und verteilten Hermes-Pakete oder sie erschienen mit einem gelben Fahrrad und brachten massenhaft Kataloge für Hundefutter, Hundebücher und Outdoorbekleidung. Zwischendurch randalierte die hauseigene Wetterstation, die sich auf der Fensterbank in der Küche befand. Sie zeigte an, dass sich der normale Landregen zu einem Sturm mausern würde. Es dauerte seine Zeit, bis mein technikresistenter Leinenhalter überhaupt wusste, was da so nervend piepte und wie der Warnton der Krawalldose ausgeschaltet werden konnte. Zum späteren Gassigang würden wir wohl die Badehose anziehen können. Als Gernot mitbekam, wie Einstein das Kaminbrennholz in der Wohnung verteilte und ich das geklaute ungewohnte Gourmetessen meines Kumpels halb verdaut auf dem Teppich ausbreitete, wetterte er wie ein Hooligan bei einem verlorengegangenen Heimspiel.

Nachdem unser Aufpasser sich wieder beruhigt hatte, versuchte er erneut, sein Tagewerk am Schreibtisch in Angriff zu nehmen. Ihm war kein Erfolg beschieden, denn nun wurde er durch ein seltsames Geräusch abgelenkt, welches in unregelmäßigen Abständen aus dem Wohnbereich in sein Arbeitszimmer drang. Zwischendurch klang es, als wenn Einstein und ich quer über die Wohnzimmermöbel fangen spielten. Genervt unterbrach er abermals seine Arbeit und schaute nach. Er traute seinen Augen nicht. Im ersten Moment dachte er, eines der dunkelgrauen Stofftiere, mit denen wir gelegentlich spielten, wäre zum Leben erweckt worden. Es flatterte immer kurz auf, bevor Einstein und ich es fangen konnten. Im zweiten Moment war Gernot alles klar. Bei dem Stoffspielzeug handelte es sich um eine lebendige Taube. Sie musste durch den offenen Kamin ins Wohnzimmer gelangt sein und stellte für uns Vierbeiner eine höchst interessante Ablenkung im tristen Tagesablauf dar. Wie Gernot später von seinem Schornsteinfeger erfahren sollte, war dieses Phänomen gar nicht so selten: Wenn eine der zahlreichen Tauben in unserer Gegend sich eine Rast auf dem Schornsteinrand gönnt, kann es schon mal passieren, dass sie, durch die warme Luft aus dem Schornstein benebelt, das Gleichgewicht verliert und in den Kaminschacht plumpst. Genau dies war offenbar geschehen.

Gernot konnte anhand der Rußspuren genau den Fluchtweg der Taube im Wohnzimmer nachvollziehen. An markanten Stellen, an denen es zu einer Balgerei gekommen war, lagen vereinzelte Taubenfedern. Die durch uns gerupfte Taube sah zwar ziemlich zerzaust aus und wirkte in ihrer Rußverkleidung wie eine neue Vogelgattung, war aber in ihren Flugeigenschaften zum Glück wenig eingeschränkt. Gernot konnte so den Spuk schnell beenden, indem er alle Terrassentüren öffnete und dem verirrten Gast einen Fluchtweg bot.

Seine Aufräum- und Säuberungsarbeiten dauerten dagegen etwas länger. Wir begleiteten sie desinteressiert

aus den Augenwinkeln und hielten sie für ziemlich überflüssig.

Es war nicht Gernots Tag an diesem Wochenanfang. Was
würde wohl sonst noch alles passieren? Der Mittag war
noch nicht mal rum. Erst einmal passierte gar nichts. Jedenfalls bezogen auf den PC. Der streikte nämlich. Nichts
ging mehr – wie bei einem Stau auf der A3 in den Som-
merferien. Gernot rief Simon an, unseren studentischen
IT-Spezialisten, der sein Kommen für den späten Nachmittag zusagte, um die Kiste wieder zum Laufen zu bringen. Gernot beschloss, den Mittagsspaziergang vorzuver-
legen und gleichzeitig dem angekündigten Unwetter zu-
vorzukommen.

An dieser Stelle will ich ganz deutlich mal was Grundsätzliches sagen. Ich tobe ja gerne im Freien rum. Mit Einstein zusammen sogar noch viel lieber. Aber nur, wenn
das Wetter vernünftig ist. Trocken sollte es schon sein,
Sonnenschein wäre optimal. Regen allerdings geht gar
nicht. Dann sollte ein Ridgeback im heimischen Körbchen
liegen bleiben und allen Hyperaktiven, die stundenlang
durch die nasse Gegend rennen, den Vogel zeigen. Ich
habe das Gefühl, mein Gernot orientiert sich zu sehr an
den pflichtbesessenen Hundehaltern, die ihre Vierbeiner
sich morgens dreißig Minuten lösen lassen, mittags für
eine ganze Stunde kontrollierte Sozialkontakte sorgen
und in den späten Abendstunden einen gepflegten Tages-
abschlussgassigang absolvieren. Und das unabhängig
vom Wetter. An Regentagen, wie sie im Münsterland leider häufiger vorkommen, würde ich lieber morgens kurz

in den Garten gehen, das Gleiche abends wiederholen, in der Zwischenzeit ansonsten im gemütlichen Körbchen bleiben und den lieben Gott einen guten Mann sein lassen. Hätte ich einen Wunsch frei, dann sollte man Hundehalter, die das anders sehen, straffrei hauen dürfen.

Wie schon angedeutet, hatte Gernot beim Gassigehen seine Prinzipien. Er zog sich Regenkleidung und Gummistiefel an und fuhr mit uns zum Spazierschlendergelände zwischen Dingbängerweg und Autobahn. Dort, so hoffte er, würde es weniger schlammig sein als im Aaseebereich. Auf der Fahrt dachte Gernot daran, dass die drei Tage mit Hunde-Doppel-Pack nicht einfach so dahinplätschern würden wie der momentane münsterländische Nieselregen, der schon seit dem frühen Morgen unverdrossen anhielt. Da passte der Vergleich mit dem erwarteten Sturm schon besser.

Bei so einem Mistwetter laufe ich zumeist nahe neben meinem Leinenhalter, damit ich von seinem Regenschirm etwas profitieren kann. Der außen laufende Einstein hat dann das Nachsehen und wird so richtig nass. Wegen der gefluteten Wiesen in unserem Jagdrevier meinte er sarkastisch: »In der Bibel steht, dass es dreißig Tage und Nächte regnete. Man nannte es eine Katastrophe. Im Münsterland nennt man das einen Frühling. Aber tröste dich«, flachste er, »wenn es regnet, werden kleine Hunde später nass«.

»Bilde dir mal nichts auf die eineinhalb Zentimeter ein, die du größer bist«, rief ich ihm zu.

Nach einer Wegbiegung sahen wir den Omnibus auf uns zukommen. Eigentlich hieß er Niki, eine Mischung aus Hovawart und Berner Sennenhund. Wurde aber immer Omnibus gerufen, weil er das Temperament eines geparkten Sattelschleppers hatte. Wenn man seinen Körperbau genau betrachtete, musste sogar noch irgendetwas Massiveres mitgewirkt haben. Außerdem war er nach der Pubertät übergangslos in die Altersdemenz gefallen.

Omnibus brauchte keine Leine, er trottete stets mit stoischer Ruhe fünf Meter hinter seinem bedächtig voranschreitenden Chef her, einem pensionierten Staatsanwalt mit paragrafengeladenem Herzen und geschulter Zunge namens Klagehorst. Omnibus war nicht aus der Ruhe zu bringen. Selbst der hibbelige Zwergpudel, der das seltsame Gespann mit seinen beiden weiblichen Teenagern im Gefolge in hurtigen Sprüngen folgte, dem Omnibus zwischen die Räder lief und ihn schließlich überholte, änderte daran nichts.

»Zwergpudel sind nicht einfach nur klein«, bemerkte Einstein anerkennend, »sie sind ein platzsparendes Extrakt«, und machte vorsichtshalber einen Bogen um den kleinen Quälgeist.

Bevor mein Gernot gemerkt hatte, was sich da anbahnte, war Einstein durch seine Beine gelaufen. Die Leine spannte, vibrierte und klemmte sein Gemächt ein. Gleichzeitig hatte ich zum Sprung auf den Zwergpudel angesetzt und dadurch die Lage unseres Leinenhalters noch verschlechtert. Laut stöhnend hantierte er herum, verlor das Gleichgewicht und lag am Boden, als hätte er die Schwerkraftrechnung nicht bezahlt. Die Teenager glucksten, Herr Klagehorst guckte irritiert, Einstein und ich fühlten uns bestätigt: Leinenhaltung führt nur zu Problemen.

Gernot leinte uns nach einer Weile tatsächlich ab. Weniger aus Einsicht als aus der Überlegung heraus, dass wir dann schneller unser großes Geschäft machen würden. Nach getaner Arbeit nahm er uns zwei wieder bei Fuß. Wohl auch, damit die uns entgegenkommende Hundehalterin keine Angst um ihren gestriegelten Spaniel haben musste. Aber gerade die Tatsache des Anleinens ängstigte sie derart, dass sie ihren Fiffi in die Arme nahm und sich ein paar Schritte abseits ins Gebüsch schlug. Ich kann mich nur wiederholen: Leinenhaltung führt nur zu Problemen.

Am folgenden Morgen rief Jule Gernot aus München an, als er gerade versuchte, die Wohnung zu putzen. Sie wollte wissen, wie es zu dritt so lief. Währenddessen rannten Einstein und ich um den Wohnzimmertisch und spielten Reise nach Jerusalem. Wenn Einstein zu schnell war, nahm ich die Abkürzung quer über den Tisch.

»Hier ist alles bestens«, flötete Gernot. »Gelegentlich zicken sich die beiden zwar an, als wären sie schon eine Ewigkeit verheiratet, und Hausputz mit zwei Hunden als Mitbewohner ist wie Zähneputzen mit einem Nutella-Brot, aber du brauchst dir keine Sorgen zu machen. Ich habe alles im Griff.«

»Prima«, lobte ihn Jule. »Die beiden Hunde erziehen sich ja auch gegenseitig«, hörte ich ihre Stimme sagen.

Gernot ging nach dem Telefonat an seinen wieder zum Leben erweckten PC. Er wollte wissen, ob an Jules Aussage wirklich etwas dran war und googelte die Frage: ‚Erziehen sich Hunde selber, wenn sie zu zweit sind'. Er erfuhr, dass es ganze Bücher und unzählige Eintragungen in Hundeforen zu diesem Thema gab und mehr als nur zwei Meinungen. Der Ältere erzieht den Jüngeren, hieß es an mehreren Stellen. Es hängt von der Veranlagung der Vierbeiner ab, schrieb jemand. Ein anderer behauptete, sie würden nur das Schlechte voneinander abschauen, ein Dritter meinte, die Alten lassen sich vom Unfug der Jungen anstecken und ein Achter oder Neunter erklärte, in jedem Falle brauche man für die beiden Hunde unterschiedliche Führungspersönlichkeiten. *Wie soll ich das denn machen?*, fragte sich Gernot. *Das ist etwas für Schizophrene und bringt mich nicht weiter. Ohnehin sind die beiden ja fast gleich alt.*

Ich fand es ja klasse, dass unser leinenhaltender Zweibeiner sich für die Psyche von uns Vierbeinern interessierte. Dass Hunde eigentlich Rudeltiere sind, auch wenn wir zumeist alleine als Einzelkämpfer in einem Haushalt wohnen, weiß eigentlich jedermann. Mit Ausnahme unseres Mannes, der ahnt es bestenfalls. Daher kriegt er auch kaum mit, welch ausgeklügeltes Verständigungssystem wir Vierbeiner untereinander entwickelt haben. Mit Bellen natürlich, aber auch mit Blicken und Körpersprache. Bei der gemeinsamen Jagd ist dies sehr nützlich. Diese Fähigkeit haben wir nicht nur im Umgang mit unseren

Artgenossen entwickelt, sondern auch gegenüber den Menschen. Wir beobachten sie genau und wissen manchmal schon, was sie tun wollen, bevor sie es selbst gemerkt haben.

Gernot wechselte von den Hundeforen, die ihn wegen der gegensätzlichen Aussagen nur verwirrten, zu informativen Seiten über die Unterschiede in den Sinnesorganen von Vier- und Zweibeinern. Dass ein Hund zehnmal mehr Riechzellen hat als ein Mensch, wusste er schon durch seine erste Stunde in der Hundeschule. Neu für ihn war aber, dass Hunde unterschiedliche Gerüche nicht zehnmal, sondern hundertmal besser unterscheiden können. Er fragte sich, wie dies möglich sei und er fand auch die Antwort. Hunde setzen ihr Riechorgan bewusst ein, Menschen tun dies oft nur begrenzt. Dabei sind Zweibeiner viel besser in der Lage, etwas zu erriechen, als die meisten wohl annehmen. Erstaunt las Gernot, dass ganz normale Menschen einem sagen können, ob ein T-Shirt von einem männlichen oder weiblichen Zweibeiner getragen wurde, indem sie nur daran riechen, auch wenn sie zuvor sagen, das wäre ihnen unmöglich. Mütter können ihre eigenen Kleinkinder am Geruch erkennen, auch wenn sie behaupten, sie würden nur raten. Die weiblichen Zweibeiner können sogar den Grad der Geschlechtsreife ihrer Artgenossen nur anhand des Geruches feststellen. Sie unterscheiden dabei korrekt zwischen Baby, Kind, Jugendlichem und Erwachsenem. Gernot hätte das nicht für möglich gehalten und beschloss, diese Erkenntnisse den kultivierten

Riechorganen seiner Feinschmeckerfreunde beim nächsten Kochabend vorzustellen.

Einstein und ich balgten uns währenddessen um die Stofftiere, die durch Einsteins zeitweisen Einzug eine unübersichtliche Anzahl in unserem Haushalt angenommen hatten. Wenn ich mir aus dem breiten zoologischen Angebot das Quikschwein, das Streifenhörnchen oder den Waschbär geangelt hatte, wollte Einstein auch damit spielen. Umgekehrt natürlich genauso. Die Internetseite, die Gernot kurz vor Verlassen seines PC entdeckte, beschrieb präzise unser Verständnis von Eigentum. Ein unbekannter Verfasser hatte wohl ähnliche Erfahrungen mit uns Vierbeinern gemacht und diese in

›Die 10 Gesetze, wie Hunde ihr Eigentum regeln‹ zusammengefasst:

1. Wenn ich's mag, ist es meins.
2. Wenn ich's im Maul habe, ist es meins.
3. Wenn ich's dir wegnehmen kann, ist es meins.
4. Wenn ich's vor 'ner Weile schon mal gehabt habe, ist es meins.
5. Wenn's meins ist, hast du nie wieder eine Chance, dass es mal deins wird.
6. Wenn ich was zerkaue, sind alle Teile meins.
7. Wenn's so aussieht, als ob es meins wäre, dann ist es meins.
8. Wenn ich's zuerst gesehen habe, ist es meins.
9. Wenn du etwas weglegst, mit dem du gespielt hast,

ist es automatisch meins.

10. Wenn's kaputt ist, ist es deins.

Am Himmel weidete die wolkige Einfalt; die stumm daher ziehende hellgraue Herde ließ den Regen der vergangenen Tage vergessen. Gernot überlegte. Der Bewegungsstau seiner beiden Hausgenossen musste aufgelöst werden. Ein langer Spaziergang passte aber nicht in seinen Zeitplan. Also sollte unser Energieabbau in konzentrierter Form erfolgen. Fahrradfahren zu dritt wäre eine Lösung, wäre aber auch nicht ungefährlich. Gernot hatte nur mit mir alleine am Fahrrad schon allzu oft ungewollte Bodennähe erlebt. Mit zwei Radaurasseln würde sich das Problem nicht nur verdoppeln, sondern eher potenzieren. Zu leicht konnte eine der acht Pfoten unter die Reifen oder eine Rute zwischen die Speichen kommen. Gernot sah das in einer Mischung aus Optimismus und Leichtsinnigkeit anders.

Gernots Fahrrad ist ein stattliches Herrenrad mit Längsstange und achtundzwanzig Zoll Rahmengröße. Wenn er auf dem Sattel sitzt, erreicht er trotz seiner Körpergröße von einem Meter neunzig den Boden nur mit den Schuhspitzen. Normalerweise laufe ich links von Gernot. Beim Spaziergang wie beim Fahrradfahren.

Gernot überlegte. Wenn Einstein auf der anderen Seite, also rechts laufen würde, könnte dies einer

Schlagseite nach links vorbeugen und für einen Ausgleich sorgen. Nach wenigen Metern stellte er aber fest, dass der Zugausgleich bei flexiblem Leinendruck nur möglich war, wenn er weite Teile der Fahrt freihändig fahren würde. Eine solche Variante wäre eher für den Zirkus geeignet als für den Straßenverkehr. Der Umstand, dass sein Fahrrad einen Freilauf besaß, er also nicht per Rücktritt bremsen konnte, machte die beidseitige Hundeführung am Fahrrad zusätzlich unmöglich. Also musste Einstein nach links wechseln und wir rannten nebeneinander her. Zumindest war das im Idealfall so angedacht. Tatsächlich liefen wir aber versetzt oder hintereinander. Manchmal waren wir schneller als Gernot, dann zogen wir ihn, oder langsamer, dann zog er uns. Das funktionierte in gewisser Weise, sorgte aber dafür, dass Gernots Arm immer länger wurde. Problematisch wurde es dann, wenn uns andere Fahrrad-fahrer mit Vierbeinern entgegenkamen. Sie wichen ent-weder unter Reduzierung der Fahrgeschwindigkeit auf den wegangrenzenden Grünstreifen aus oder hielten an, um sich das unbeholfene Jonglieren unseres Dompteurs mit offenem Mund anzuschauen. »Geht's noch?«, war ei-ner der harmloseren Zurufe, die wir erhielten.

Nun haben Einstein und ich ganz andere Vorstellungen von Bewegung in der freien Natur, als stur wie ein Mara-thonläufer neben einem Fahrrad herzulaufen. Karnickel, Feldmäuse und Eichhörnchen denken übrigens genauso. Deren Fährten kreuzten unseren Weg. Vom Pomme-sacker rechts nach links in den Wald. Sogar eine Fuchs-spur – so etwas ist selten genug – war dabei. Im Bruchteil einer Sekunde waren Einstein und ich uns einig, sofort synchron wie störrische Esel zu bremsen. Gegen die geballte Kraft von sechzig Kilo Lebendgewicht konnte unser Leinenhalter nur die kinetische Energie seines Fahrrads einsetzen. Das Ergebnis: Sagen wir mal, es war unentschieden. Als wir zum Stehen kamen, lag die Fuchsfährte zwei Meter hinter uns und Gernot zwei Meter neben uns im Graben. Erst jetzt ließ unser Dressurkünstler die Leinen los. Als er sich vom Wachkoma erholt hatte, waren wir schon im angrenzenden Wald verschwunden.

Mir war schon klar, dass unser Leinenhalter diesen Zwischenstopp mit Ausflugeinlage nicht so prall finden würde. Ohne uns hatte er aber Zeit, seine Knochen zu ordnen und die Speichen seines Rads zu sortieren. Zudem wurden wir so von seinen spontanen unanständigen Beschimpfungen verschont. Fürs Erste jedenfalls.


Die Fuchsspur war trotz der feuchten Flora deutlich auszumachen und führte uns nach dreihundert Meter Waldgebiet zum Eingang des Fuchsbaus, der versteckt unter einem Gebüsch lag. Voller Tatendrang fing ich an zu graben, dass die Erdbrocken nur so flogen. Einstein hielt Ausschau nach Zweit- und Drittausgängen des Baus, um eine Flucht der Sippschaft zu verhindern. Dank der aufgeweichten Erde drang ich schnell tiefer in das Erdreich ein. Einstein wollte ich unbedingt meine Jagdqualitäten demonstrieren, insbesondere nach dem Reinfall bei der kürzlich misslungenen Katzenjagd. Es dauerte nicht lange, bis nur noch mein hektisch wedelnder Schwanz und die Erdklumpen zu sehen waren, die ich in unregelmäßigen Abständen ans Tageslicht beförderte. Mit der Nase voran drang ich tiefer. Der Fuchsgeruch verdichtete sich und die Erde im Tunnel wurde trockener und härter – und es wurde enger. Sehr eng sogar. Ich kam kaum noch vorwärts. *Gönn' dir eine Pause*, sagte ich mir, *dann geht es wieder besser.*

Einen Moment lang ruhte ich erschöpft aus. Mit neuer Energie versuchte ich dann, meine Grabung fortzusetzen. Es blieb bei dem Versuch. Ich kam nicht mehr vorwärts. Noch unangenehmer war allerdings, dass ich mich auch nicht mehr rückwärts bewegen konnte. Obwohl ich alle meine Muskeln anstrengte, schaffte ich es nicht, Kopf oder Pfoten zu bewegen. Nichts ging mehr. Es war dunkel, es war still, ich hörte mein Herz laut klopfen, das Atmen wurde schwierig und ich saß fest.

Wenn man es objektiv sieht, hatte Gernot noch Glück im Unglück. Die unerwartete fremdbestimmte Vollbremsung hatte ihn mit seinem Drahtesel nach links in den Graben gezogen. Der unvermeidliche Sturz wurde durch das Blätterwerk und durch das Regenwasser, welches sich in dem Drainagegraben entlang des Weges gebildet hatte, abgebremst. Dennoch schmerzten sein Rücken und sein linker Arm, den er auf absehbare Zeit für jegliche Leinenführung vergessen konnte. Beim Hinauskraxeln aus dem Graben bemerkte er zudem eine schmerzhafte Kontusion des Daumens an der linken Hand. Und seine Brille war verbogen. Ach ja, und das Vorderrad seines Bikes auch. Die in

Schulterhöhe gerissene Regenjacke und seine durchnässte Kleidung fielen da gar nicht mehr ins Gewicht. Wichtiger war da schon, dass sein Kopf unverletzt war und er keine gebrochenen Knochen hatte. In seinem Hundehalterschädel ratterten allerdings notwendig werdende Termine und Rechnungen beim Orthopäden, Optiker und Fahrradhändler. Ihm kam sogar die vorsorgliche Anschaffung eines stabilen Motorradhelms in den Sinn. Und er fragte sich: Wo sind die Verursacher dieses Malheurs?

Humpelnd und sich den linken Oberarm reibend, bewegte er sich vorsichtig in das angrenzende Waldgebiet – in die Richtung, in die die beiden Ausreißer gelaufen sein mussten. Abwechselnd rief er nach Einstein und mir. Einige Minuten irrte er so umher. Zu allem Überfluss fing es wieder an zu regnen. Plötzlich stand Einstein vor ihm, wedelte hektisch mit dem Schwanz und bellte so intensiv, wie Gernot es von ihm noch nie gehört hatte. Als er mich nirgends erblicken konnte, stolperte er Einstein nach, so schnell es das Unterholz erlaubte. Hinter Gernots in Falten gelegter Stirn arbeiteten die Schwungräder der Gedanken. Er ahnte, dass die Missgeschicke dieses Tages noch keinen Abschluss gefunden hatten. Als er den Erdhügel neben dem kleinen Krater erreichte, sah er sich bestätigt. Er entdeckte meinen sich nur noch schlapp bewegenden Schwanz, erkannte den Ernst der Situation und begann sofort, mit den Händen zu buddeln.

In der Enge und Dunkelheit des Fuchsbaus hatte ich jegliches Zeitgefühl verloren. Meine Mundhöhle war trocken wie ein gepresstes Lindenblatt, das man manchmal beim Durchblättern alter Bücher entdeckt. Der Mangel an Sauerstoff benebelte mein Hundehirn und rief das Bild auf den Plan, das mich schon beim Weißkittel Dr. Schniggendiller heimgesucht hatte: den balancierenden Pinguin mit den dreisten Eichhörnchen – oder waren es rabiat schauende, mich verhöhnende Fuchswelpen? Deren Geruch stach mir vorne in die Nase, während sie hinten in meinen Po bissen. Als hätten sie sich in mein Hinterteil verkeilt, zogen sie daran und dehnten es. Ich konnte nichts dagegen tun, schloss fest meine Augen und hoffte, dass Einstein in letzter Sekunde heldenhaft herbeispringen würde, um mich zu retten. Regenwasser sickerte ins Loch nach und erleichterte die von einer fremden Kraft unterstützte Rückwärtsbewegung hinaus aus dem Fuchsbau.

Als ich die Augen öffnete und nach Luft japste, erblickte ich einen pudelnassen Einstein neben meinem Herrchen, den ich so noch nie gesehen hatte: triefend, schmutzig und überglücklich.

# KAPITEL 18
## DAS ENTSORGTE FAHRRAD
## UND ANDERE KALAMITÄTEN

Für einen kundigen Halter einer Hündin, wie mein Herrchen einer zu sein meint, erscheint ein Rüde als ein Wesen, das gewisse Ähnlichkeiten mit einer längst vergangenen Welt der Menschen hat. Rüden sind grundsätzlich eher ›extern‹ verantwortlich. Sie kümmern sich um ihr Territorium, sichern dies durch ein ausgeprägtes Markierverhalten und zeigen bei Annäherung potenzieller Konkurrenten durch eine hoch erhobene Rute, einen aufrechten Gang und eine allgemein sehr präsente Körperhaltung ein deutliches Imponierverhalten. Hündinnen haben eher einen ›internen‹ Zuständigkeitsbereich. Damit ist die Aufzucht der Welpen gemeint, wenn denn solche da sind.

Aber auch bei Nebensächlichkeiten unterscheidet sich Einstein nach Gernots Wahrnehmung von mir. So untersuche ich sorgfältig jeden Grashalm und überlege dann, ob er angepinkelt werden soll, und auch das Abseilen eines Haufens bedarf einer genau durchdachten Platzwahl. Oftmals fällt mir die Entscheidung wirklich schwer. Ich komme mir dann vor wie Buridans Esel, der verhungerte, weil er sich nicht zwischen zwei Heuhaufen entscheiden konnte. Dabei habe ich nicht nur die Wahl zwischen zwei Alternativen, sondern unendlich viele Möglichkeiten. Habe ich mich endlich für einen geeigneten Platz für das große Geschäft entschieden, trete ich dort das Gras nieder, indem ich immer enger werdende Kreise drehe. Erst dann hocke ich mich nieder, um konzentriert abzustuhlen. So haben es meine Vorfahren gemacht, um zu verhindern, dass sie bei dieser wichtigen Beschäftigung von Schlangen oder anderem gefährlichen Kleingetier in den Podex gebissen wurden.

Ganz anders dagegen Einstein. Er ist stets in hektischer Eile. Seine Lakriznase schnüffelt unruhig unten am Boden und das Hinterbein schwebt oben, obwohl oftmals kein Tropfen kommt, da sein Markierungsvorrat bereits aufgebraucht war. Das passiert auch, wenn er gerade etwas Interessantes entdeckt: ein Insekt, ein Mäuseloch oder einen toten Käfer. Der neugierige Rüde vergisst vor lauter Hektik, dass hinten nichts mehr läuft. Für einen gepflegten Kackvorgang fehlt ihm zumeist die Geduld. Spürt Einstein dieses Bedürfnis, sondiert vorne seine Rübe mit vorwitzigen Augen das Umfeld, während losgelöst davon hinten das Geschäft beiläufig ohne innere Anteilnahme abgewickelt wird.

Und wenn Einstein zu Hause poft, liegt er mit halb geöffnetem Maul wie ein Pascha schnarchend und breitbeinig rücklings auf dem Sofa. Zu diesem Bild würde dann noch passen, dass er sich nach dem Wachwerden im Fernsehen boxen anschaut und in seinen Pfoten gleichzeitig einen Drink und eine Zigarre hält.

Der glückliche Umstand, dass mein Zweibeiner durch Einstein auf meine missliche Lage im Fuchsbau aufmerksam gemacht wurde, hat allerdings nichts mit einer geschlechtsspezifischen Veranlagung zu tun. Hündinnen haben das gleiche Interesse, das Rudel zusammenzuhalten wie Rüden. Im umgekehrten Falle hätte ich Einstein natürlich ebenso geholfen. Vielleicht hätte ich sogar selbst Pfote angelegt, um ihn auszugraben. Egal, in jedem Fall bin ich Einstein und Gernot für die Rettungsaktion dankbar, auch wenn dadurch mein ambitionierter Versuch, ein ganzes Fuchsrudel auffliegen zu lassen, verhindert wurde.

»Und das Fahrrad ist wirklich weg?«, fragte Peter ungläubig. »Hast du vielleicht an der falschen Stelle gesucht?«, fragte er noch nach.

»Nein, nein«, wiederholte Gernot. »Als ich es am nächsten Tag mit dem Auto abholen wollte, war es weg.«

Gernot saß mit Peter bei Klaus zu einer neuen Kochrunde. Sie hatten bei milden Frühlingstemperaturen auf der geschützten Terrasse Platz genommen und probierten ihr gemeinsames kulinarisches Werk: Lachs im Teigmantel mit Ingwer und Korinthen an Feldsalat. Dazu gab es einen Rosé aus der Provence. Gernot hatte den beiden Kochfreunden bereits in der Küche von seinem besonderen Tag mit den Vierbeinern erzählt.

»Womöglich ist dein verbeultes Rad ganz offiziell von der Abfallentsorgungsgesellschaft abgeholt und verschrottet worden«, mutmaßte Klaus. »Das kann unangenehm werden, warte mal«, meinte er, nahm sein Smartphone zur Hand und googelte kurz. »Also«, setzte er mit wichtiger Miene an und nahm erst einen Schluck Wein, um die Spannung zu erhöhen. »Illegales Entsorgen von

Altmetall oder Geräten, die Altmetall enthalten, kostet bis zu dreihundert Euro. Oder«, fuhr er fort, »dein ehemaliges Fortbewegungsmittel wird als großes Einzelstück angesehen, wie zum Beispiel eine Badewanne oder Kommode, dann bist du nur mit zweihundert Euro dabei.«

»Das ist ja wohl Quatsch«, antwortete Gernot entrüstet. »Was heißt hier Altmetall? Mein Fahrrad ist mehr wert als dein Wagen, wenn er vollgetankt ist.«

Das wollte Klaus so nicht stehen lassen, ließ den duftenden Lachs vorerst unbeachtet und las aus seinem Handy noch weitere Auszüge des Umweltbußgeldkatalogs vor. »Wenn du außerdem durch unangepasste Geschwindigkeit einen Fußgänger im Fußgängerbereich gefährdet hast, kommen weitere dreißig Euro hinzu.«

»Klar«, schaltete sich Peter ein, »deine Vierbeiner sind auch Fußgänger und fühlten sich bestimmt fahrlässig behandelt.«

»Vielleicht bist du bei dem trüben Wetter auch ohne Licht gefahren, macht noch mal dreißig Euro«, addierte Klaus, der sich richtig warmgelaufen hatte und fortfuhr: »Und wenn du noch mit einem Restalkohol von mindestens 0,3 Promille fahrauffällig unterwegs warst …«

»Fahrauffällig war er mit zwei Hunden bestimmt, und Restalkohol hat Gernot immer«, brummte Peter dazwischen.

»… dann gibt es sogar obendrein eine Strafanzeige«, schloss Klaus.

»Jetzt ist aber Schluss«, entrüstete sich Gernot, während er sich den linken Oberarm rieb. »Ich bin nicht der Täter, ich bin das Opfer.«

Hundethemen dominierten weiterhin die Gesprächsrunde der Kochfreunde. Katzenhalter Klaus konnte hierzu nur schmunzeln. Ihm blieben begleitende Gassigänge bei Unwetter, Unannehmlichkeiten mit Nachbarn und Spaziergängern sowie Blessuren für Leib und Leben erspart. »Pofen eure Hunde jetzt friedlich zu Hause oder legen die gerade den Grundstein für die nächste Herzattacke?«, fragte er Peter und Gernot und steckte seinem vorbeischleichenden Kater ein Stück Lachs zu.

»Jumper hat sich wahrscheinlich auf dem Bett breitgemacht und dürfte beim Fernsehen eingeschlafen sein«, antwortete Peter.

»Also alles Paletti?«, fragte Klaus subtil.

»Keineswegs«, antwortete Peter. »Jumper ist gestern mal wieder seinen Lieblingsbeschäftigungen nachgegangen: Klauen, fressen, kotzen.«

»Klingt nicht ganz so spektakulär«, bemerkte Gernot und nippte an seinem Grappa, der zwischenzeitlich aufgetischt wurde.

»Mir reicht es«, fuhr Peter fort. »Er bellt Leute auf der Parkbank an, klaut deren Pizza, die sie neben sich liegen haben, frisst sie in einer Affengeschwindigkeit auf und kotzt mir, kaum dass wir zu Hause angekommen sind, in die Küche. Letzteres habe ich leider nicht mitbekommen, da ich im Wohnzimmer telefonierte. Bemerkte es erst, als ich mit meinen Resten vom Mittagessen auf dem Tablett vom Wohnzimmer kommend in das Erbrochene hineintrat. Dabei bin ich prompt in eine Schräglage gerutscht und konnte bei bestimmt nur mäßigen Haltungsnoten gerade noch mit der Wand abklatschen. Alles unter den erstaunten Blicken von Jumper, die deutlich zum Ausdruck brachten: Zu laut. Wenig anmutig. Das Personal hat auch schon bessere Tage erlebt. Immerhin«, meinte Peter abschließend. »Messer, Gabel und Teller wurden gerettet.«

Während die Dreier-Kochrunde zusammensaß, lagen Einstein und ich in unseren Körbchen. Mein Kumpel war schnell eingepennt und auch ich schlief wie ›ein Stein‹. In wilden Träumen versuchte ich, meine Erlebnisse und Empfindungen für Einstein zu ordnen und reimte:

*Den Fuchs im Bau wollt' ich dir holen,*
*Dir zeigen, was ich kann recht keck.*
*Drum schlich ich fix auf leisen Sohlen*
*In Meister Reinekes Versteck.*

*Der Zugang war für mich zu klein,*
*Auch von Beleuchtung keine Spur.*
*Hätt' besser ein Maulwurf sollen sein,*
*Umgeschult von der Arbeitsagentur.*

*Das Unglück nahte mit schnellen Schritten,*
*Erfasste mich und hielt mich fest.*
*Da half kein Klagen und kein Bitten,*
*Das grausame Schicksal gab mir den Rest.*

*Des Waldes versammelte Füchse vor meiner Nase,*
*Konnte ich nicht fangen nur für dich.*
*Das Wasser nahm mir die Luft – oder war's meine*
*Blase?*
*Egal, die Jagd endete peinlich für mich.*

# Kapitel 19
## Urlaub – was ist das?

Wie geplant war Jule nach drei Tagen aus München zurückgekehrt und direkt am frühen Abend mit ihrem Wagen zu Gernot gefahren, um Einstein abzuholen.

»Bleib' doch zum Abendessen«, schlug Gernot vor. »Ich habe eine Kleinigkeit vorbereitet.«

Jule kam das gut aus, denn sie hatte keine frischen Lebensmittel im Haus und Gernot konnte über die zurückliegenden drei Tage im Hunde-Doppelpack erzählen. »Die beiden kamen von Anfang an bestens miteinander aus. Als wenn sie sich schon lange kennen würden«, schwärmte Gernot.

Einstein und ich lagen in unseren Körbchen und verfolgten die Unterhaltung der Zweibeiner. *Was sind das für überraschend angenehme Töne?*, ging es mir durch die Birne. Nach unseren turbulenten Erlebnissen während der drei gemeinsamen Tage hatte ich schon damit gerechnet, dass ich Einstein so schnell nicht wiedersehen würde. Es sollte aber ganz anders kommen.

In der Folgezeit bemerkte ich einige kleine Veränderungen im normalen Tagesablauf meines Zweibeiners. Er telefonierte ungewohnt häufig mit Jule, fuhr mehrfach in die Innenstadt, um Kleidung und einen Fotoapparat zu kaufen und war insgesamt in einer Gemütslage, die man als Hochstimmung bezeichnen konnte. Bei den gemeinsamen großen Mittagsgassigängen mit Peter und Jumper erwähnte er in seiner Unterhaltung Begriffe, die ich nicht kannte. ›Fähre‹, ›Nordsee‹ und ›Hotel‹ zum Beispiel. So richtig bekam ich das nicht auf die Reihe. Wenn wir auf dem nördlichen Teil des Aasees mit dem dort verkehrenden Solarboot fahren wollten, brauchten wir doch nicht notwendigerweise ein Hotelzimmer.

Bei einem Abendspaziergang, der außerhalb des Rhythmus an einem Mittwoch mit Jule und Einstein in Mecklenbeck stattfand, wurde es mir klar: Es war ein gemeinsamer Urlaub auf Juist geplant – und das Beste war: Einstein und ich durften mitfahren.

Nun ist Urlaub ja eine menschliche Erfindung und findet im Leben eines Vierbeiners eigentlich nicht statt. Zumindest hat das die Natur nicht vorgesehen. Das mag daran liegen, dass wir Hunde mit unserem Dasein nicht so unzufrieden sind wie die Menschen und nicht bei jeder Gelegenheit davor flüchten müssen. Aber in diesem Falle war das eine tolle Idee mit geradezu tierischen Qualitäten. Ich hoffte nur, die beiden Ferienreisenden würden Urlaub mit uns nicht mit Erholung verwechseln.

An einem Samstag im Mai war es so weit. Der junge Morgen schickte vereinzelte Sonnenstrahlen durch die weißen Wolken und ließ gutes Wetter erwarten. Gernot hatte zuvor den Tiguan bei der Westfalentankstelle betankt, von innen und außen gereinigt sowie einen Koffer für sich und eine Tasche für mich gepackt. Sie enthielt sogar ein neu gekauftes Apportierspielzeug mit einem neonfarbigen Ball und integriertem Quietscher.

Wir fuhren nach Mecklenbeck und sammelten Jule und Einstein ein. Schnell waren wir auf der A1, um kurz danach auf die A31 in nördliche Richtung zu wechseln. Autobahnfahren ist ziemlich langweilig, jedenfalls wenn man ganz hinten hockt. Zum Rumbalgen ist kein Platz, zu sehen gibt es wenig und etwas Neues zum Anknabbern bietet so ein Tiguan auch nicht. Man muss sich dann mit dem Abschlecken der Fenster begnügen, was allerdings den Nachteil hat, dass die verschmierten Scheiben die Sicht behindern, wenn es wieder was Interessantes zu sehen gibt.

Nach einer guten Stunde legten wir ein Picknick abseits der Autobahn auf einer Wiese ein. Jule packte eine Decke zum Draufsitzen aus sowie köstlich riechende belegte Brote, die natürlich nur für die beiden Urlauber vorgesehen waren. Gernot steuerte eine Flasche Prosecco bei, wir bekamen nur Wasser.

Einstein sah mich an. Wir rochen es gleichzeitig. Unauffällig entfernten wir uns von den Zweibeinern. Unser Rastplatz grenzte an einer Schafwiese. Von Schafen war zwar weit und breit nichts zu sehen, wohl aber von ihrer Hinterlassenschaft.

Ihr betörender Duft schlug direkt bis ins Hundehirn durch und regte unseren Appetit an. Schnell genehmigten wir uns besonders delikat aussehende Portionen, machten uns auf feine Geschmacksunterschiede zwischen Böcken, Zibben und Lämmern aufmerksam und sahen zu, dass wir möglichst viel fressen konnten, bevor unsere beiden Urlauber von unserem speziellen Picknick Wind bekamen. Zum Abschluss, sozusagen als Dessert, wälzten wir Kopf, Nacken und Rücken in besonders großen Haufen. Das würde uns die fade Autofahrt versüßen.

»Die stinken ja schlimmer als die Pest«, rief Gernot mit gequältem Gesichtsausdruck und auch Jule rümpfte entsetzt die Nase, als wir zurückkamen. Der für Zweibeiner unangenehme Gestank von Schafdung hatte sich mit brutaler Gewalt ihrer Wahrnehmung bemächtigt. Schnell holte Gernot das immer im Wagen bereitliegende Hundeabwischhandtuch und entfernte die groben Teile des Schafkots aus unserem Fell.

»Ich hätte da die erste Urlaubserkenntnis – eine ziemlich unangenehme, die einiges befürchten lässt«, sinnierte er laut: »Wenn man mit den beiden in Urlaub fährt, nehmen die offensichtlich alle ihre Allüren mit.«

Jule war mit der Feinarbeit beschäftigt, indem sie mit in Prosecco getauchte Tempotaschentücher weitere Geruchspartikel aus unserem Fall massierte. Einstein und ich standen wie zwei dumme Schafe da und ließen das Prozedere über uns ergehen. Wir schauten uns an und wussten beide: Die Zweibeiner konnten noch so reiben, das Duftdepot würde uns vorläufig erhalten bleiben.

Der heimische Aasee in Münster ist ja ziemlich groß. Er bietet Platz für viele Boote, und das gegenüberliegende Ufer ist so weit entfernt, dass Zwei- und Vierbeiner kaum zu erkennen sind. Eine noch größere Dimension hat die Nordsee. Als wir sie am frühen Nachmittag erreichten, waren wir ziemlich geplättet. Selbst Einstein konnte nicht erklären, wo all das Wasser herkam. Noch gewaltiger waren die Schiffe. Die waren so riesig, dass sogar das viele Wasser nicht immer ausreichte, damit sie schwimmen konnten. Dies war nur zu bestimmten Zeiten möglich. Die Einheimischen sprachen hierbei von Tide.

Unser Wagen wurde auf einem Parkplatz in Norddeich für die Urlaubstage auf Juist abgestellt. Jule nahm Einstein und mich an die Leinen und Gernot belud sich mit dem Gepäck: über jeder Schulter eine große Hängetasche und an jeder Hand einen fahrbaren Trolley. Dank der organisationsumtriebigen Jule brauchten wir die Schlange vor dem Ticketverkauf für die Fähre nicht zu verlängern. Sie besaß bereits im Internet erworbene Fährkarten. Wir gingen direkt an Bord und ergatterten Sitzplätze für die Zweibeiner.

So eine Fähre ist für unsereins kein angenehmer Ort. Zu viele Menschen, zu eng, und der kalte Metallboden vibriert. Und dann noch dieser struntzfreche kleine Goliath mit Migrationshintergrund aus der Border-Terrier-Sippschaft, der uns vom Nachbartisch unterschwellig anpöbelte. Sein Herrchen schrie zwar mehrfach lautstark »Ruhe hier!«, konnte seinem Vierbeiner jedoch nicht klarmachen, dass er bei einer Auseinandersetzung mit uns beiden so chancenlos wäre wie ein Zwergpinguin in der Hai-Disko.

Das Schlimmste stand uns jedoch noch bevor. Als wir ablegten und den Hafen verließen, begannen das Schiff und unser Untergrund zu schaukeln. Zuerst war es nur unangenehm, kurze Zeit später aber bereits unerträglich. Zumindest mit einem Magen voller Schafsköttel. Die konsumierten Bioprodukte von unserem Picknick machten sich bei mir selbstständig und verabschiedeten sich auf dem gleichen Weg, wie sie zu mir gekommen waren. Mit einem vernehmbaren Würgen produzierte ich eine braune, intensiv riechende Lache auf dem bebenden Metallboden. Fast zeitgleich leistete mir Einstein solidarisch Gesellschaft.

Den darauf folgenden Gesichtsausdruck von Gernot und Jule kannten wir schon von ähnlichen Situationen. Sie wirkten mit rotem Kopf noch peinlicher berührt als sonst, da der Vorrat an Tempotaschentüchern aufgebraucht, das Hundehandtuch bei der Rast entsorgt worden war und Kotbeutel mit glatter Folie zum Aufwischen kaum geeignet waren. Gernot lief schnell zur Toilette, holte meterweise Klopapier und wischte so gut es ging den Brei auf.

Die Aktion hatte aber auch ihr Gutes: Anschließend war Platz genug da, um sich großzügig ausgestreckt auf den Boden legen zu können.

Drei Stunden später wurde unsere kleine Reisegruppe im Hotel ›Backbord‹ auf Juist freundlich vom Portier empfangen. Zum Schluss hörte ich ihn sagen: »Ach ja, und für Ihre Hunde berechnen wir vierzig Euro.«

Einstein und ich sahen uns an. *Vierzig Euro?*, fragte ich mich. *Für uns? Wofür? Haben die Zweibeiner die Nase voll von uns und wollen uns nach dem peinlichen Vorfall auf dem Schiff nun verkaufen? Aber sind wir denn wirklich so wenig wert?*

Jule schlug auf dem Zimmer vor, die Koffer später auszupacken und zuerst einen Strandspaziergang zu machen.

Gesagt, getan – und gestaunt. Nach wenigen Minuten standen wir zu viert auf der Düne und sahen endlich, wovon Jule in den höchsten Tönen so oft geschwärmt hatte: Ein großes, ein gewaltiges Nichts. Geradeaus eine unermessliche Leere, weiter rechts das Gleiche und links auch, eine langweilige Öde.

Einstein und ich sahen uns zum x-ten Mal an diesem Tag verständnislos an und konnten es nicht glauben. Kein einziger Baum, kein Strauch, kein Hügel, nicht einmal ein Grashalm war da, den wir beschnuppern oder bepieseln konnten. Dafür jede Menge Wasser – noch mehr Wasser sogar, als wir im Hafen gesehen hatten. Ein erschreckender Anblick für einen Ridgeback wie mich, dessen Vorfahren im trockenen Afrika lebten und der noch nie ein Bad genommen hatte – weder in der Badewanne noch im Aasee –, der jeder Regenpfütze aus dem Weg geht und bei Niederschlag lieber das überdachte Wohnzimmer vorzieht. Das war also Urlaub – und dann auch noch volle vier Tage lang.

Die beiden Zweibeiner schienen dagegen eher einen enthusiastischen Eindruck zu machen.

»Herrlich, der Urlaub kann beginnen«, rief Gernot, breitete die Arme aus und lief zum Wasser.

Ich notgedrungen hinterher, die Schleppleine wollte es so. Jule und Einstein folgten uns. Dort verharrten sie andächtig in der Beobachtung der Wellen. Die Dünung war Einstein und mir ziemlich schnuppe. Wir hatten mit unserem eigenen Wasserstand genug zu tun. Einstein brauchte einen Gegenstand zum anpinkeln, ich irgendetwas Grünes, damit es laufen konnte. Nun würde Einstein niemals auf den Gedanken kommen, die Hosenbeine unserer Leinenhalter für solch niedere Bedürfnisse zu missbrauchen. Er nimmt dann in solch einer Ausnahmesituation seine Fantasie zusammen, stellt sich einen imaginären Buxbaum vor, der mutterseelenallein am weiten Strand direkt neben ihm steht und nässt diesen ein. Hat auch funktioniert. Leider sorgte die frische Brise von der Seeseite dafür, dass die Hosenbeine von Gernot dennoch in Mitleidenschaft gezogen wurden. Hat mein Zweibeiner in seiner Urlaubseuphorie aber gar nicht bemerkt.

Später, auf dem Rückweg vom Strandschlendern, war ein anderes Malheur für ihn dafür umso deutlicher erkennbar. Als er sich bückte, um mein frisch abgeschlossenes Geschäft in einem Kotbeutel verschwinden zu lassen, rutschte seine neue Kamera aus der Brusttasche seines Hemdes und fiel zu Boden, zielgenau und butterweich.

Abends durften Einstein und ich nicht mit zum Essen. Wir waren im Restaurant des Hotels ›Backbord‹ nicht erwünscht. Und es gab im Urlaubszimmer auch kein kombiniertes Sofa-Fernsehprogramm. Wir mussten uns mit unseren Hundebetten begnügen und machten uns unsere Gedanken.

»Das ist also für die Zweibeiner Urlaub«, meinte ich zu Einstein. »Weit wegfahren, bei fremden Leuten wohnen und ein gewaltiges Nichts atemberaubend finden.«

»Dein ›Nichts‹ ist übertrieben«, antwortete er. »Da ist ja jede Menge Wasser.«

»Ja, allerdings«, stöhnte ich. »Warum ist da nur so viel Wasser?« Ich sah Einstein mit fragenden Augen an.

»Darüber habe ich die ganze Zeit nachgedacht«, antwortete er. »Die Lösung ist einfach, wie so oft bei schwierigen Dingen. Zu Hause in Münster haben wir den Aasee. Er ist bis zum Rand voll mit Süßwasser. Er wird aber nie so groß werden wie die Nordsee, weil wir Hunde daraus regelmäßig trinken. Und die Nordsee wird nie kleiner werden, weil kein Hund dieser Welt dieses Salzwasser da draußen mag.«

Richtig, jetzt, wo er es sagte, war es mir auch sonnenklar. Ich schaute ihn bewundernd an, faltete mich in meinem Körbchen zusammen und schlief nach diesem anstrengenden Tag in dem Bewusstsein ein, eine der großen Fragen unserer Zeit durch den genialen Denker an meiner Seite gelöst zu haben.

# KAPITEL 20
## URLAUB – NEIN DANKE!

Einstein hatte schlecht geschlafen. Beim Morgenspaziergang pöbelte er alles an, was die Frechheit besaß, vier Beine zu haben und am Oststrand entlang zu gehen. Habe ihn in enger Verbundenheit darin unterstützt und den anderen Vierbeinern gezeigt, wo Barthel den Most holt. Vielleicht fand Einstein auch nur die Schleppleine doof, die unsere Zweibeiner erstmalig hier nutzten. Auf der gesamten Insel war eine Leine für unsereins obligatorisch. Ist aber auch anstrengend, immer Gernot oder Jule im Schlepptau zu haben.

Noch etwas anderes führte bei Einstein und auch bei mir zu Verdruss. Etwas, das sich im Verlauf der nächsten Tage noch verstärken und unsere Meinung über diesen Urlaub noch weiter belasten sollte. Die beiden Urlauber beachteten uns weniger, als wir das gewohnt waren. Sie hatten unendlich viel zu besprechen, blickten sich lange an, auch wenn sie gar nichts sagten und hielten sogar Händchen. Und sie unternahmen auch einiges, von dem wir ausgeschlossen waren. Dies galt für die Mahlzeiten ohnehin, aber auch für den Wellnessbereich im Hotel, wohin sie, im Bademantel verkleidet, nach dem Frühstück gingen. Wir mussten im Zimmer bleiben. Einfach nur rumzuliegen, sich auf das Atmen zu konzentrieren oder die Ornamente auf der Tapete auswendig zu lernen, ist für zwei aktive Vierbeiner allerdings ziemlich reizlos.

Interessanter sind da schon die vielfältigen Geräusche, die in solch einem Hotel für unsere gut trainierten Ohren zu hören waren. Türen schlossen sich und wurden geöffnet, der Aufzug brummte, Kinder riefen mit heller Stimme, ein Staubsauger lief. Mit der Zeit war ein Muster zu erkennen. Das Türschließen und die Staubsaugergeräusche kamen ganz langsam näher. Bald waren sie deutlich im Nachbarzimmer zu hören. War unser Zimmer als Nächstes dran? Einstein und ich sahen uns an. Wir hatten den gleichen Gedanken,

»Das ist unsere Chance«, sagte er leise.

Dann waren wir mucksmäuschenstill. Nach einigen Minuten des gespannten Wartens öffnete sich mit einem sanften Klacken des Schlosses unsere Zimmertür und wurde halb geöffnet. Von unseren Hundebetten aus, die seitlich zur Tür lagen, konnten wir keinen Zweibeiner sehen. Vielmehr wurde ein Bodenstaubsauger mit einem sanften Stoß ins Zimmer geschoben. Ihm folgte eine junge Frau mit schwarzen Haaren und weißem Kittel. Als sie uns bemerkte, waren wir schon in voller Bewegung.

»Zu Hilfe, zu Hil…«, schrie sie laut, um abrupt abzubrechen, als sie erkannte, dass nicht sie, sondern die offene Zimmertür unser Ziel war. Dennoch schloss sie sich vorsichtshalber im Zimmer ein. Wir hätten es uns ja anders überlegen können. Taten wir aber nicht. Wir fanden den Personaleingang des Hotels und hatten Glück. Die Tür zur Freiheit stand offen.

Draußen legten wir einen flotten Spurt hin und suchten ein Gebüsch auf. Dort konnten wir unsere Aufregung abstrullen und überlegen, was wir mit der unvermittelt gewonnenen Freiheit anfangen sollten. Jetzt konnte unser Urlaub beginnen. Wir waren so aufgeregt wie eine komplette Grundschulklasse kurz vor dem Aufbruch zum Tagesausflug ins Phantasialand. Alle Abenteuer standen uns offen. Mit Einstein zusammen war nichts unmöglich.

»Wir organisieren ein paar vergammelte Koteletts und besaufen uns mit Wurstwasser«, schlug Einstein vor.

Ich war konsterniert. Das hörte sich zwar höchst appetitlich an, aber da hatte ich Größeres im Sinn. »Wir kapern die Fähre zum Festland, plündern die Bordküche und machen eine Spritztour ins Blaue«, hielt ich dagegen.

Einstein schluckte heftig, ohne dabei allerdings die Koteletts im Sinn zu haben. »Das ist aber in höchstem Maße anspruchsvoll. Wie soll das gehen?«, gab er zu bedenken.

»Ich habe zwar keine Lösung, aber ich finde das Problem großartig«, antwortete ich und fügte aufmunternd hinzu: »Du wirst das schon machen!«

Den Hafen erreichten wir nach knapp zehn Minuten im Hundetrab und waren enttäuscht. Wir sahen weder ein Schiff noch eine Fähre. Es waren auch keine Zweibeiner zu sehen. Der Hafenbereich lag ausgestorben vor uns.

»Vielleicht kommt die Fähre erst an dem Tag, an dem wir ohnehin abreisen«, mutmaßte Einstein.

Ich musste grinsen. Es war offensichtlich. Er suchte nach einem Weg, um aus der Nummer mit der Abenteuerfahrt rauszukommen.

Wir trieben uns in der Nähe des Hafens herum und durchwühlten die Abfalleimer, die am besten rochen. Koteletts waren nicht dabei, aber Reste von Fischbrötchen, halbe Pizzen und angefressene Würste. Bei den Würsten der Zweibeiner muss unsereins immer aufpassen. Da sind oft übel gewürzte Exemplare dabei, die einen echt fertigmachen. Das weiß eigentlich jeder gebildete Hund. Problematisch ist nur, dass wir beim Fressen Spontan-Täter sind. Wenn es verlockend riecht, dann schlagen wir zu. Da wird nicht viel überlegt.

Genauso war es dann auch bei mir. Kurze Zeit später brannte meine Kehle wie Feuer. Einstein erging es ähnlich. Wir brauchten unbedingt etwas zu trinken, aber in dem kleinen Inselhafen war nichts zu finden. Seltsamerweise wird das Durstgefühl noch größer, wenn man von Wasser umgeben ist, das nicht getrunken werden kann.

»Komm«, forderte Einstein mich auf, »wir machen uns hier vom Acker und laufen zum Hotel zurück, da finden wir bestimmt was zu trinken. Anschließend schauen wir weiter.«

»Okay«, willigte ich zögernd notgedrungen ein, ohne mein anspruchsvolles Ursprungsprogramm zu verwerfen. Was man nicht aufgibt, hat man auch noch nicht verloren. *Wir können es ja anschließend erneut mit der Fähre versuchen*, tröstete ich mich.

Mittlerweile war die Mittagszeit angebrochen und wir hatten das Hotel erreicht. Durch den Personaleingang zogen deliziöse Gerüche, die aus der Küche kamen. Wir folgten dieser Duftspur und vermieden es, gesehen zu werden. Wo es was zu essen gab, würden wir auch etwas zu trinken finden. Vorerst sahen wir lediglich adrett gekleidete Zweibeiner in Schwarz, Männer mit Krawatte und Frauen mit weißer Schürze und Häubchen auf dem Haar.

Sie kamen aus einem Raum mit Pendeltür. Jedes Mal, wenn sie sich öffnete, spuckte sie einen dieser vornehm gekleideten Zweibeiner mit einem beladenen Tablett und einem Schwall delikater Essensdüfte aus. Nach kurzer Zeit erschienen die gleichen Personen wieder, nur ohne Speisen auf dem Tablett, und verschwanden durch dieselbe Pendeltür.

Dort wollten wir auch hin, zur Quelle all der herrlichen Aromen, die unsere Nasen kitzelten. Wir passten einen Moment ab, als niemand auf dem Hin- oder Rückweg war und schlüpften durch die lichte Unterseite der Tür. Schnell suchten wir hinter einem großen Servierwagen Deckung und prüften erst einmal die Lage.

Eine große Küche komplett aus Chrom und Edelstahl lag vor uns. *Von so etwas träumt bestimmt mein kochender Leinenhalter*, dachte ich andächtig. Vollständig in weiß gekleidete Zweibeiner werkelten umtriebig an dampfenden Töpfen und Kesseln oder portionierten die Speisen für das Mittagessen auf Tellern. Stimmen und Maschinengeräusche erfüllten den Raum.

Wir hielten uns rechts, wo weniger Betrieb herrschte. Dort standen neben einer laut arbeitenden Spülmaschine auf einem niedrigen Abstelltisch Porzellanschüsseln und Weinflaschen. Solche Flaschen kannte ich von Gernot. Sie gab es auch in unserer Küche und sie konnten einen Höllenlärm machen, wenn sie zu Boden fielen und zerplatzten. Ich wusste also, dass ich sehr vorsichtig sein musste, wenn ich den Flaschenhals mit meinen Zähnen fassen und die Flasche auf den Boden legen wollte. Es gelang. Zum Glück war die Flasche bereits angebrochen und der

Korken steckte lose obenauf. Schnell hatten wir ihn entfernt. Sofort gluckerte Flüssigkeit heraus, die wir begierig
aufschleckten. Schmecken tat es nicht, aber es löschte unseren Durst.

Unsere beiden zweibeinigen Urlauber waren nach dem
Morgenspaziergang und dem Frühstück in den Wellnessbereich des Hotels gegangen. Nur zwei andere Urlauber
leisteten ihnen zeitweise in der großzügigen Anlage Gesellschaft. Sie konnten ungestört relaxen, das Schwimm-
bad benutzen, mehrere Saunagänge und Fußbäder machen, dazwischen Ruhepausen einlegen und sich sehr intensiv miteinander beschäftigen.

»Wir sollten jetzt einen ausgiebigen Mittagsspaziergang mit unserer Rasselbande machen«, schlug Jule nach
zwei Stunden Aufenthalt in der Saunawelt vor und packte
ihre Utensilien in die großen Bademanteltaschen.

»Hoffentlich haben die beiden im Zimmer kein wieder-
gutzumachendes Chaos angerichtet«, meinte Gernot und
schlüpfte in seine Badelatschen.

Sie verließen den im Keller liegenden Saunabereich,
nahmen die Treppe zum Erdgeschoss und erreichten die
Rezeption auf dem Weg zu ihrem Zimmer.

»Herr Beger«, rief die Hotelangestellte am Empfang,
»in Ihrem Zimmer ist leider etwas passiert.«

Jule und Gernot blieben abrupt stehen. Wüste, kosten-
reiche Schreckensszenarien jagten durch ihre Köpfe.

Gernot sah im Geiste schon die Urlaubskasse gesprengt. Was hatten die Vierbeiner angestellt?

»Ihr Zimmer ist ordnungsgemäß gemacht«, meinte die Mitarbeiterin freundlich, um dann unsicher zu stocken und mit entschuldigender Miene weiterzureden: »Aber Ihre zwei Hunde sind weg.«

»Wie weg?«, entfuhr es unseren Zweibeinern wie aus einem Mund.

»Sie sind leider entwischt, als der Zimmerservice da war.«

Während das Entsetzen in Jules Gesicht noch eine Steigerungsstufe fand, atmete Gernot eher erleichtert durch. Schließlich befanden sie sich auf einer kleinen Insel ohne Autoverkehr. Die Ausreißer würden nicht viel anstellen können und bald wieder zurück sein. Kaum hatte er diese Überlegung zu Ende gedacht, nahmen die beiden Urlauber einen ungewöhnlichen Lärm aus der Richtung wahr, die zur Küche führte. Lautes aufgeregtes Stimmengewirr und ein polterndes Geräusch, als wenn blecherne Gegenstände auf steinernen Boden fallen würden, ließen die Anwesenden in der Hotellobby aufhorchen.

Sekunden später erschienen zwei gehetzte mittelgroße Hunde auf der Bildfläche. Dicht dahinter mehrere zweibeinige, Kochmützen tragende Verfolger, die mit hochrotem Gesicht überdimensionale Kochlöffel schwangen. Unnötig zu sagen, dass es sich bei den beiden Vierbeinern um Einstein und mich handelte.

Wir versuchten aufgeregt, durch das gläserne Hotelportal zu entkommen, bemerkten jedoch erst, nachdem

wir im vollen Sprint dagegen gelaufen waren, dass es ge-
schlossen war.

Ich lag immer noch benommen am Boden, als ich die
Rufe einer vertrauten Stimme hörte, die im großzügig geöffneten Bademantel auf mich zulief. Wie durch einen
Nebel sah ich ein mir wohlbekanntes Gesicht – oder waren es derer zwei, welche sich mit synchroner Bewegung
über mich beugten?

# Kapitel 21
## Urlaub – es reicht jetzt!

D ie faulen Hunde liegen immer noch in ihren Körbchen«, hörte ich Gernot am anderen Morgen sagen. Typisch mein Zweibeiner. Da hat man eine schwere Nacht hinter sich und muss sich anschließend diese Gemeinheiten anhören. Hunde liegen nicht einfach faul herum, Hunde verschönern den Raum – grundsätzlich betrachtet. Im speziellen Fall war ich auch nicht faul, sondern befand mich im Energiesparmodus. Und dies aus gutem Grunde. Meine Hundebirne brummte und mein Magen fühlte sich seltsam an. Das konnte nicht nur an der unsanften Begegnung mit der Hotelglastür liegen. Es musste auch mit dem zu tun haben, was Einstein und ich in der Hotelküche aufgeschleckt hatten. Wahrscheinlich war der Inhalt der Flasche verdorben. Könnten die Zweibeiner ruhig bei der Hotelleitung reklamieren. Einstein machte auch nicht den Eindruck, als wenn er Juist an diesem Tag zur hasenfreien Zone machen wollte. Er schaute mich mit halbgeöffneten Auge an und seufzte tief, ohne etwas zu sagen.

»Ich fürchte, wir müssen die beiden auch noch im Zimmer anleinen«, meinte Gernot missmutig.

»Klar, und ihnen Fußfesseln anlegen«, antwortete Jule lachend.

»Gernot glaubt manchmal«, sagte ich zu Einstein, »er müsse sich nur genügend unbeliebt machen, um ernst genommen zu werden.«

»Wir müssen mit unseren Hunden einfach mehr unternehmen«, rief Jule aus dem Badezimmer. »Machen wir doch eine Wanderung zur ›Domäne Bill‹ und dann weiter bis zur Westspitze. Dann kommen die nicht mehr auf dumme Gedanken.«

»Super«, brummte Gernot, »ich dann auch nicht mehr.«

Nach dem Frühstück ging's los. Große Überraschung! Die Insel hat sogar einen Wald. Ist nur alles kleiner als zu Hause. Die Bäume sind kaum größer als wir. Als Einstein hinter einer Wegbiegung die beiden Boxer samt Jogger sah, war seine Trägheit vergessen. Er startete durch, verwickelte sich aber unglücklicherweise mit den Vorderläufen in meiner Schleppleine. Sein Podex überholte ihn mit einer perfekten vollen Seitendrehung in der Luft, sodass er entgegen seiner Laufrichtung auf dem Boden aufkam. Er bekam gerade noch meinen Spätstart mit, konnte aber meiner gespannten Schleppleine nicht mehr ausweichen, die ihm die Pfoten vom Boden zog und ihn in ein zähes Gestrüpp von wilden Hagebuttensträuchern beförderte. Die kleinen Widerhaken, die sich in seine Schnauze gekrallt hatten, standen ihm nicht wirklich. Ich sage es gerne noch mal: Leinenhaltung führt nur zu Problemen. Dabei war meinem Leinenhalter der eigentliche Sinn einer Schleppleine gar nicht klar.

Dieses Spezialprodukt der zweibeinigen Hundeerziehung soll am anderen Ende der Leine genau genommen nicht von menschlicher Hand gehalten werden. Vorgesehen ist vielmehr, dass der Vierbeiner diese zumeist grellorange Kunststoffleine lose hinter sich herzieht. Da sie platt wie eine Briefmarke und mitunter breit wie Opas Hosenträger ist, mit fünfzehn Metern nur halt viel länger, merkt ein Hund mit schlichtem Gemüt von solch einer leichten Leine kaum etwas. Er denkt daher, er würde sich frei, also leinenlos, bewegen. Spurtet der Vierbeiner los, um zum Beispiel unerlaubterweise einen Hasen zu fangen, soll bei etwa zwölf Metern ein lautes Stopp-Signal gerufen werden. Wenn dies keine Wirkung zeigt, tritt der Hundeführer kräftig auf die Leine und der Vierbeiner kommt mit einem Ruck zum Stehen. Der einfältige Hund glaubt dann, sein Herr und Gebieter würde Zauberkräfte besitzen. Im Idealfall funktioniert dies nach ausreichendem Training auch ohne Leine. Soweit die Theorie. Die Praxis sieht natürlich oftmals anders aus. Selbst wenn der Hundeführer wie Rumpelstilzchen seinen Fuß samt Leine in die Erde rammt, nützt dies wenig, wenn der Untergrund so weich wie trockener Sandstrand ist.

Der uns entgegenkommende Jogger nutzte die beiden langen Schleppleinen für seine Boxer auf spezielle Weise. Die Leinen waren um seine Hüfte gebunden, sodass er seine Arme beim Laufen frei bewegen konnte. Praktisch gedacht vom Jogger, hat aber beim ungestümen Treff mit Fremdhunden gewisse Nachteile. Im Nu fuhren die Vierbeiner mit dem Jogger Karussell und wickelten ihn mit den Leinen ein. Er tanzte wie ein Derwisch, um sich freizumachen, verlor das Gleichgewicht, purzelte zu Boden und machte unfreiwillige Bekanntschaft mit den Eigenheiten der zahlreichen Hagebuttensträucher. Deren winzige Widerhaken auf seiner Haut ignorierte er ebenso tapfer wie zuvor Einstein.

Die ›Domäne Bill‹ ist jedem passionierten Juisturlauber bekannt. Sie liegt ganz im Westen der Insel, am Hammersee vorbei, noch hinter der Aussichtsdüne am Wärterhaus. Man kann dorthin wandern, mit dem Fahrrad fahren oder dem Pferdekarren kutschieren. Mich wunderte, dass mein Leinenhalter die beschwerlichste dieser Möglichkeiten mitgemacht hat. Ist wohl dem positiven Einfluss von Jule zu verdanken. Er will zwar oftmals zurück zur Natur, aber selten zu Fuß. Wenn eine Strecke länger als sein Wagen ist, wird normalerweise gefahren.

Die ›Domäne Bill‹ lädt zur erholsamen Rast an rustikalen Tischen ein, die zum großen Teil im Freien stehen. Ebenso zünftig wie das Mobiliar ist der Imbiss. Als Spezialität wird hausgebackenes Weißbrot mit Rosinen in riesigen fingerdicken Scheiben mit friesischer Butter feilgeboten. Dazu gab es im Falle unserer Zweibeiner ein deftiges Bier, das urbayerische Dimensionen aufwies. Jule schaffte vom Backwerk und Bier nur knapp die Hälfte, den Rest verputzte Gernot zusätzlich zu seiner Portion. Einstein und ich bekamen schmackhafte Kauknochen aus Jules Vorräten und frisches Wasser bis zum Abwinken.

Der Rückweg kommt einem immer länger vor als der Hinweg. Dies galt besonders für unseren männlichen

Leinenhalter, der nicht nur mit der verstärkten Sonnenein-
strahlung, sondern auch mit seinem vollen Rosinenbrot-
und Bierbauch zu kämpfen hatte. Er war ungewöhnlich
lustig, wurde aber auch zusehends müde. Deswegen
mussten wir auf halbem Rückweg im Kiebiz-Eck einen
Zwischenstopp einlegen. Wir hatten Glück und konnten
den letzten freien Tisch ergattern. Jule fragte vorher
freundlich am Nachbartisch einen kleinen Dicken mit roter
Glatze, der seine Augen hinter zwei dicken, scharf ge-
schliffenen Brillengläsern verschanzte, ob wir uns mit den
Vierbeinern dazusetzen dürften.

»Wenn es sein muss«, antwortete der Glatzkopf und
fragte mit Blick auf Einstein und mich misstrauisch: »Hören die beiden denn auf Sie?«

»Keine Ahnung«, grinste Gernot, »wir duzen sie meis-
tens.«

Gernot konservierte seine gute Stimmung durch ein wei-
teres ostfriesisches Pils, während dies Jule mit einem erfri-
schenden alkoholfreien Sanddornsaft gelang. Einstein und
ich waren immer guter Stimmung, wenn wir nicht gerade
zweifelhafte Flüssigkeiten aus Weinflaschen getrunken
hatten.

Der weitere Rückweg führte am Badestrand ›Im Loog‹
entlang. Es gab neben diesem nur noch einen weiteren
Strand, den wir Vierbeiner betreten durften, und dies
auch nur in angeleintem Zustand: den Oststrand, den wir
bereits am ersten Urlaubstag kennengelernt hatten. Genau genommen unterscheiden sich diese beiden Strände

nur in ihrem Namen. Beide haben das gleiche grässlich schmeckende Wasser, den gleichen Sand, den gleichen Geruch und sind für uns Vierbeiner gleich langweilig.

Genau diesen Strand ›Im Loog‹ suchten unsere Zweibeiner nach der Rückkehr ins Hotel vor dem Schlafengehen nochmals auf. Sie wollten sich nach diesem wolkenlosen Tag den Sonnenuntergang ansehen. Gernot hatte das eigens für den Urlaub gekaufte Apportierspielzeug, den neonfarbigen Ball mit integriertem Quietscher, mitgenommen. Wir rannten wie die Windhunde um die Wette, um es als Erster zu fangen, wenn Gernot es in die Sanddünen warf. Einstein brachte es dann auch brav seinem Frauchen zurück.

Um das Apportierspiel zu variieren, warf sie es auf einmal in einem weiten Bogen in die Wellen der Nordsee. Einstein stoppte seinen Sprintstart ab, als er sah, wo das Flugobjekt landete. Ich lief gar nicht erst los, Wasser ist ja nicht mein Ding. Einstein ahnte, was jetzt kommen würde und bemerkte mit trockenem Sarkasmus: »Herrscht am Abend Sonnenschein, wird er nicht von Dauer sein.« Wir beide sahen unsere Zweibeiner fragend an und warteten ab, was jetzt passieren würde. Jule schaute Gernot ebenfalls fragend und mit großen Augen an. Gernot guckte fragend zurück. Die Frage, die sich uns anderen stellte, war: Wann würde mein Leinenhalter schnallen, dass er seine Neuanschaffung für elf Euro neunzig selbst apportieren musste? Mit einem Seufzer zog er schließlich Schuhe nebst Hose aus und watete vorsichtig ins kühle Nass. So einfach, wie er sich die Aktion vorgestellt hatte, lief sie natürlich nicht ab. Der Sog des rücklaufenden Wassers zog ihm die Beine weg und bescherte ihm ein unfreiwilliges Vollbad.

Zurück am Strand musste unser patschnasser Spielzeugretter das Lachen der nach Luft ringenden Jule über sich ergehen lassen, die nur mit Mühe rufen konnte: »Du bist wirklich ein Pirouetten-Paul, selbst im Wasser.«

# Kapitel 22
## Urlaub – Erholung geht anders

Wenn die Sonne tief steht, werfen selbst Zwerge lange Schatten. Dieser Spruch gilt auch für Hunde. Beim Morgenspaziergang zog ein kleiner Insulaner aus der Terrierfamilie einen langen Schatten hinter sich her und gebärdete sich, als ob ihm der Hundestrand gehören würde. Einstein und ich beachteten den Sandpupser jedoch nicht. Sein anhaltendes Bellen mit hoher, sich überschlagender Stimme ließ uns kalt, nervte aber Gernot, der uns ausführte.

Das Terrier-Frauchen suchte vergebens, ihren Winzling zu beruhigen. Die auf vornehm tuende Stadttussi redete auf ihr Schoßhündchen ein, als wenn sie es mit einem kleinen Kind zu tun hätte.

»Das muss an Ihren Hunden liegen«, meinte sie dann vorwurfsvoll beim Näherkommen. »Die strahlen eine unangenehme Aggressivität aus. Die beißen doch bestimmt?«

»Nein«, antwortete Gernot angesäuert. »Die beiden schlucken im Ganzen!«

Unsere Zweibeiner hatten sich für den letzten Urlaubstag etwas Besonderes ausgedacht. Ein Abendessen im ›Caruso‹, dem besten Italiener der Insel, wo wir sogar mit hin durften. Unser Weg dorthin führte von der belebten Wilhelmstraße, der langen Hauptflaniermeile von Juist, in eine enge Seitengasse.

Das ›Caruso‹ war gut an den vor dem Ristorante aufgestellten Tischen zu erkennen. Wenn die besetzt waren, kamen ein Kellner mit Tablett, zwei Urlauber und eine vierbeinige Radaurassel gerade noch so durch den Eingang. Im Normalfall jedenfalls. Wenn sich allerdings ein ortsansässiger Kater auf der Jagd nach Essensresten zwischen den Tischbeinen befindet, wird es kritisch. In Einsteins Birne knallten sofort die Synapsen durch. Auch ich, direkt hinter ihm, schaltete auf Jagdmodus. Obwohl angeleint, gelangten wir mit Kopf und Vorderpfoten unter den Tisch, wo wir den Kater rochen. Die Leinenhalter hielten mit ausgestrecktem Arm dagegen, konnten aber den sich anbahnenden Tumult nicht verhindern. Während sich das kleine Mistvieh unten zwischen den Tisch-, Stuhl- und Menschenbeinen verbarrikadierte und fauchte, wackelten oben auf dem Tisch bedenklich die Bier- und Weingläser. Laute Töne der Missbilligung und strafende Blicke der Gäste im Außenbereich schlugen unseren Zweibeinern entgegen. Mit hochroten Köpfen spulten sie ihr Entschuldigungsprogramm ab.

Der Oberkellner kam herbeigesprungen und glättete ebenfalls die Wogen. »Nix passieren, kommen herein, Signora, Signore, per favore. Mamma mia, so schöne Hund«, verkündete er voller Bewunderung, »que bello bello!«

Er ging voran zum reservierten Tisch im Inneren des Lokals und bat unsere Zweibeiner, Platz zu nehmen.

Die Gäste am Nachbartisch, die vierköpfige Familie Strullkötter, hatte das Geschehen offenbar verfolgt. In unverkennbarer Panik brachten die beiden Erwachsenen ihre Teller in Sicherheit, indem sie diese vom Tisch angehoben festhielten und gebannt auf Einstein und mich schauten.

»Ganz ruhig, ganz ruhig«, redete Jule mit gedämpfter Stimme auf uns ein. Dabei dachte sie wohl eher an Gernot, dem es tatsächlich gelang, nichts zu sagen. Sein Gesichtsausdruck war allerdings etwas verspannt.

»Ich denke, wir trinken erst einmal einen Aperitif und freuen uns auf ein gutes Essen«, sagte sie aufmuntert.

Die italienische Küche steht bei meinem freizeitkochenden Leinenhalter hoch im Kurs. Wenn er sich mit seinen Kochfreunden trifft, wird zumeist italienisch, in jedem Falle aber mediterran gekocht. Nach den vorangegangenen Tagen mit norddeutschen Fischgerichten aus der Hotelküche freute er sich auf ein italienisches Essen mit Fleisch.

Der Oberkellner stellte sich bei der Aufnahme der Essenswünsche als Roberto vor, der aus einem Ort käme, wo Italien am schönsten sei: Tirana. Sein Italienisch durfte als perfekt angesehen werden, wenn man akzeptierte, dass ›bello‹ tatsächlich die italienische Übersetzung für Hund war. Dem Aussehen nach wirkte Roberto mit seinen gegelten Haaren allerdings eher wie ein ausgefuchster Teilzeitmafioso aus Palermo als ein seriöser Oberkellner aus dem beschaulichen Juist. Tatsächlich kam er aus Albanien, wenn man deren Hauptstadt Tirana dort belässt und nicht nach Italien verlagert.

Gernot und Jule bestellten jeder eine Bistecca alla Toscana.

»Von original deutschem Rind, das ebenso noch nie in der Toskana war, wie Roberto kein Italiener ist«, mutmaßte Gernot.

Einstein und ich machten es uns unterdessen auf dem Boden neben den Stühlen unserer Erwachsenen gemütlich und sortierten die unterschiedlichen Duftströmungen im Ristorante. Gegenüber unserem Tisch, auf der anderen Seite des schmalen Ganges, wurde ein verführerisch riechendes Saltimbocca serviert. Vom nächstgelegenen Nachbartisch, dem eingangs bei unserem Erscheinen die Sorge um ihr Essen der Appetit zu vergehen drohte, drang der Duft von Bratensoße in unsere Nasen. Vater und Mutter Stuhlkötter unterhielt sich mampfend und schenkten unserer Anwesenheit keine weitere Beachtung. Ganz im Gegensatz zu den beiden minderjährigen Kindern, die mit am Tisch saßen und Einstein und mir den Rücken zukehrten. Sie drehten sich ab und zu um und sahen uns an, was wir mit einem möglichst treuherzigen Gesichtsausdruck quittierten. Dies ermutigte sie, sich zu uns zu beugen, uns vorsichtig zu berühren und unsere Köpfe zu streicheln. Kurz darauf enthielten die Kinderhände kleine Pizzastücke, die uns – von den Erwachsenen unbemerkt – behutsam nach und nach zugesteckt wurden.

Als der Zufluss zu versiegen drohte, wagte ich mich weiter unter dem Nachbartisch vor. Die beiden älteren Zweibeiner hatten vielleicht auch etwas abzugeben. Ich musste mich ihnen nur irgendwie bemerkbar machen. Ein

Blickkontakt, um Süßholz zu raspeln, war leider nicht möglich. Ich wandte mich daher dem unteren Körperbereich der Frau zu, der – anders als beim männlichen Begleiter – von einer speziellen Duftwolke umhüllt war, die mit Bratensoße nichts zu tun hatte. Behutsam begann ich, an ihren strumpflosen Oberschenkeln zu lecken.

Das ›Caruso‹ hatte sich bis auf den letzten Platz gefüllt, als Roberto das Hauptgericht für unsere Zweibeiner brachte. »Prego, Signore, hier die beste Bistecca alla Lombarda.«

»Nein, Toscana«, korrigierte Gernot knapp.

»Buon appetito«, wünschte Roberto unbeirrt und schenkte Rotwein nach.

Unsere Zweibeiner waren in ein tiefgehendes Beziehungsgespräch eingestiegen. Der Urlaub würde am nächsten Tag mit der Rückfahrt enden und der dann beginnende Alltag nur wenig Gelegenheit zu gemeinsamen Aktivitäten bieten. Sie prosteten sich gegenseitig zu und begannen mit großem Appetit ihr Essen zu genießen.

Die Nachbarn, Familie Strullkötter, hatte dagegen ihr Essen beendet. Die Teller waren geleert, selbst die beiden Kinder ließen dank unserer versteckten Mithilfe keine Reste übrig. Nur die Gläser waren noch gut mit Rotwein und Cola gefüllt. Die Erwachsenen unterhielten sich mit den Kindern, als sich Frau Strullköter leise zu ihrem Mann wandte: »Werner, lass das, jetzt nicht«, dann einen Moment stutzte, als sie beide Hände ihres Gatten auf dem Tisch in der Nähe des Weinglases sah. Einen Augenblick später sprang sie mit einem spitzen Schrei abrupt auf und

stieß dabei gegen den Tisch. Die mit Wein und Cola ge-
füllten Gläser fielen um und ergossen ihren Inhalt über
den Tisch hinweg auf die beiden gegenübersitzenden Kinder.

»Mama, was machst du?«, riefen die aufgebracht und
sprangen ebenfalls von ihren Stühlen.

Als Herr Strullkötter und zweiundvierzig Augenpaare
aus dem Lokal gleichzeitig erstaunt schauten, was denn
da passiert sei, hatten Einstein und ich uns bereits auf unsere ursprünglichen Plätze neben dem Tisch unserer Leinenhalter verdrückt und einen so unschuldigen Gesichtsausdruck aufgesetzt, wie es nur uns Hunden möglich ist.

# KAPITEL 23
## ENDE GUT, ALLES GUT

Wenn ein Mensch gut mit einem Hund auskommt, kommt er auch mit einem Lebenspartner gut aus. Dieser Gedanke, der mal von einem bekannten Hundetrainer geäußert wurde, beschäftigte Einstein und mich auf der Rückfahrt. In unserem konkreten Fall kommt die ledige Jule bestens mit mir aus und mit Einstein ohnehin. Dann müsste sie auch gut mit meinem etwas schwierigen, ebenfalls ledigen Leinenhalter auskommen können, so unsere Überlegung.

»Wenn man jemanden, der nicht verheiratet ist, ledig nennt«, überlegte Einstein laut, »nennt man einen Verheirateten dann erledigt?«

»Muss wohl«, antwortete ich nach kurzem Nachdenken.

Wir waren uns nur nicht sicher, ob unsere Zweibeiner ihrem ledigen Zustand in einen erledigten wechseln wollen würden, was aber nötig wäre, damit Einstein und ich uns weiterhin sehen konnten.

»Dann müssen wir halt etwas nachhelfen«, meinte ich zu Einstein. Mir ging eine Idee durch den Kopf. »Ich glaube, ich habe da auch schon einen Plan«, sagte ich zu ihm optimistisch. »Den werde ich in den nächsten Tagen umsetzen. Lass mich mal machen …«

Nach unserer Rückfahrt am nächsten Tag hatte uns das normale Leben zu Hause wieder eingeholt. Beim morgentlichen Gassigang legte ich mich, gemäß dem Einstein gegenüber nicht näher erläuterten Plan, bewusst überzogen mit anderen Hunden an. Ein vorlauter Dackel, der frech wie Oscar den Hundewald zu seinem exklusiven Jagdgebiet erklärte, lief mir über den Weg. Dackel sind seltsame Vierbeiner. Einen halben Hund hoch und anderthalb Hund lang haben sie manchmal ganz schön viel Meinung für ziemlich wenig Ahnung. Jedenfalls habe ich ihn sehr deutlich zusammengefaltet. Anschließend hat er mir fast leidgetan, so kleinlaut wurde er.

Mittags beim großen Rundgang am Aasee trafen wir Peter und Jumper.

»Und wie war es?«, fragte Jumper mich. »Warst du auch schwimmen?«.

»Nö«, antwortete ich, natürlich nicht, »da werde ich ja nur nass. Zudem haben wir so viel erlebt, zum Schwimmen hatte ich keine Zeit ... Sieh mal dort, lecker Ente«, lenkte ich ab.

Ich wollte Jumper nicht erzählen, wie gut mir die gemeinsame Zeit mit Einstein gefallen hatte. Mein junger Freund wäre dann sicherlich traurig und auch eifersüchtig geworden. Ich schlug daher vor: »Komm, lass uns jagen gehen.«

Gesagt, getan – und natürlich nichts gefangen. Enten können nicht schnell watscheln, aber gut schwimmen. Dafür entdeckten wir am Ufer einen vergammelten Fisch, den ein Angler dort wohl weggeworfen hatte. Diesen

Fund ließen wir uns nicht entgehen. Freudig wälzten wir Kopf und Nacken in dem Aas und stanken wie die Pest.

Die Quittung aber kam schnell: Zurück in Riechweite unserer Zweibeiner ließen sie ihrer verbalen Inkontinenz freien Lauf. Sie schrien Zeter und Mordio und versuchten, mit Grasbüscheln das Gröbste aus unserem Fell zu reiben.

Zum krönenden Abschluss der Mittagstour setzte ich, wie in der wildesten Welpenzeit, einen prächtigen Haufen auf dem Parkplatz direkt neben dem Auto ab. Hat mich echt Überwindung gekostet, schließlich macht ein erwachsener Hund solch einen Unsinn nicht mehr. War aber auch Teil meines Plans.

Am folgenden Tag: gleicher Ort, weitgehend gleiche Besetzung. Es wurde weitergerüpelt. Selbst mit dem stoischen Omnibus, dem Mischling von Staatsanwalt Klagehorst, den wir im Wald am Zaun zum Zoo trafen, zettelten wir einen Streit an. Peter und Gernot beklagten sich missmutig.

»Wenn das so weiter geht, muss ich Jumper verkaufen«, stöhnte Peter. »Den kriege ich nicht unter Kontrolle.«

»Da mache ich am besten mit«, ergänzte Gernot. »Meine wilde Wutz stelle ich bei Ebay zur Versteigerung ein. Sie benimmt sich nach dem Urlaub auf Juist wie ein Testosteronweib, quasi wie eine Rüdin. Das ergibt vielleicht sogar einen Aufpreis.«

»Gegen alles gibt es Pillen«, grübelte Peter. »Warum nicht auch gegen bockige Vierbeiner? Die pharmazeutische Industrie braucht dringend neue Innovationen.«

In der großen Wegkurve bei Haus Kump trafen wir sie an: die gesamte dreiköpfige Glühweintruppe nebst Vierbeinern. Schon von Weitem winkte uns der dralle Minirock, der seine üblichen Leggins mit Leopardenfellmuster trug, überschwänglich zu. Daneben verhaltener die Reithose mit Brutus an der Leine und die brünette Haararchitektin, die ihre Hochsteckfrisur ausführte. Peter winkte zögernd zurück.

»Komm«, sagte Gernot zu ihm, »deine Fangruppe möchte gerne einen Plausch mit dir führen, lass uns kurz guten Tag sagen.«

Mit einem Seufzer verließen unsere Zweibeiner den Weg und steuerten das Damentrio an. Jumper und ich waren schon vorausgelaufen.

Wir beide haben die Eigenheit, dass wir ausgefallene Kleidung der Zweibeiner nicht mögen und dies mit einer klaren Ansage, sprich Bellen, deutlich machen. Das mag schon mal ein biederer Spaziergänger sein, der einfach nur ein knallrotes Kleidungsstück trägt oder jemand mit einem übergroßen Rucksack. Die Glühweintruppe, die mit ihren äußeren Besonderheiten auf uns wie das karnevalistische Dreigestirn beim Rosenmontagszug in Köln wirkte, reizte uns immer wieder aufs Neue. Besonders der Minirock mit dem Leopardenfellmuster hatte es mir angetan. Warum rasieren sich menschliche Frauen eigentlich die Beine, nur um sich dann das Fell von wilden Tieren darüber zu ziehen? Da muss man als Hund doch bellen.

Als Nächstes waren die Vierbeiner der drei Holden dran. Der Münsterländer Tutnix und der Labradormischling Rüdiger wurden von uns kräftig angemacht. Lediglich die Englische Bulldogge Brutus ließen wir außen vor. Er hatte schon genug Kummer mit dem ewigen Angeleint-Sein. Das Zusammentreffen der Zweibeiner wurde durch unsere Verbalattacken auch ziemlich kurz gehalten und unsere beiden Erwachsenen setzten ihren Weg fort.

Grasfressen gilt in Hundekreisen, wenn es mal Probleme mit der Verdauung gibt, als ein altes Hausmittel. So eine Salateinlage ist mir als Abwechslung zum alltäglichen Trockenfuttereinerlei oftmals willkommen, auch wenn mir der Bauch nicht schmerzt. Das Problem ist nur, der Magen rebelliert und nach kurzer Zeit befördert man alles in Form einer breiigen grünen Masse ans Tageslicht. Dies ereignete sich – natürlich nicht ganz zufällig – bei mir an diesem Tag, just auf der Rückfahrt im Wagen. Gernot hörte mein röchelndes Reihern während des Fahrens, ohne etwas tun zu können. Ich glaube, er wäre lieber wieder auf Juist.

Nicht auf Juist, aber mit Jule zusammen waren wir am Tag danach. Fast ein kleiner Hauch von Urlaub. Wir machten den Abendspaziergang. Unsere beiden Leute mit Einstein und mir. Gernot in dreiviertellanger Leinenhose und T-Shirt mit Juist-Aufdruck und Jule im luftigen Sommerkleidchen. Sie vertieften sich in Gespräche über die Zukunft oder genossen schweigend und händchenhaltend die Gegenwart des anderen, die alle Wünsche stillte. Beide ließen uns großzügig Raum zum Spielen.

In dem Waldgebiet, in dem wir unterwegs waren, trafen wir nur wenige Kollegen an. Einstein und ich beachteten sie kaum, da wir uns voll auf uns konzentrierten. Wir ignorierten sogar generös einen aufsässigen Rauhaardackel, der durch seine überlange Flexi-Leine mobile Stolperfallen für Zwei- und Vierbeiner kreierte.

Wenn wir von Jule oder Gernot gerufen wurden, weil wir uns zu weit von ihnen entfernt hatten, kamen wir sofort artig zurück. Egal, was sich in Sichtweite abgespielt hatte – und wäre es das Jahrestreffen der Leberwurstproduzenten gewesen. Ja, wir waren bestrebt, im vorauseilenden Gehorsam alle Wünsche unserer Zweibeiner zu erfüllen, bevor sie ausgesprochen wurden. Es war ein Abendspaziergang in vollster Harmonie.

Gernot berichtete Jule, dass ich seit unserer Rückkehr von Juist so aufsässig und schwierig sei. »Es war schon immer nicht leicht mit ihr, aber in den letzten Tagen ist die Krawallmaus nicht zu bändigen. Du kannst dir das gar nicht vorstellen.«

»Du übertreibst bestimmt«, meinte Jule. »Schau doch, wir sind über eine Stunde unterwegs, sie ist lammfromm, sie spielt einträchtig mit Einstein und sie hört die ganze Zeit wie eine Eins. Wie ein gut erzogenes Kind.«

»Stimmt«, antwortete Gernot. »Mit der Nominierung für den Friedensnobelpreis warte ich aber noch etwas. Deine Anwesenheit hat halt einen positiven Einfluss«, schmeichelte er. »Auf uns beide«, ergänzte er, ihr tief in die Augen blickend.

Bei der Verabschiedung hörte ich, dass die beiden vereinbarten, den abendlichen Gassigang künftig regelmäßig gemeinsam zu unternehmen.

»Alleine schon aus einer Fürsorgepflicht gegenüber Chaka«, betonte Jule schmunzelnd.

»An mich denkt wieder mal keiner«, behauptete Gernot neckend.

Ich juchzte, warf Einstein einen bedeutsamen Blick zu und sagte stolz wie Hulle zu ihm: »Ich glaube, mein Plan ist aufgegangen. Mein Alter hat's geschnallt. Wir werden uns in Zukunft jeden Tag sehen.«

Im Münsterland hatte der Hochsommer mit Temperaturen über dreißig Grad Einzug gehalten. Münsters größtes Naherholungsgebiet, der Aasee, präsentierte sich mit allem, was er zu bieten hatte, von seiner besten Seite. Im Uferbereich, zwischen den Vegetationskomplexen von Großröhrichten konnte man mit etwas Glück die gefährdete Schwanenblume und die gelb blühende Sumpfschwertlilie finden. Die Park- und Grünflächen um den See zeigten üppiges Grün mit Klatschmohn, Gänseblümchen, Barbarakraut, Löwenzahn, Klee und Beilwicke. An manchen Stellen wurde die Weitsicht von hohen, artenreichen Hecken in verschiedenen Grüntönen unterbrochen. Vereinzelt bildeten alte, markante Einzelbäume oder kleine Baumgruppen aus Ahorn, Birken, Buchen, Magnolien oder Esche einen sehenswerten Blickfang.

Für uns Vierbeiner besteht der Aasee-Komplex aus einem riesengroßen Duftfeld, in dem sich unzählige Karnickel, Eichhörnchen, Mäuse und Maulwürfe tummeln und das ab und an sogar von einem ausgebüchsten Zootier besucht wird. Auf dem Wasser oder in der Luft halten sich Möwen, Schwäne und Enten auf. Vereinzelt sind auch Graureiher, Kormorane, Eisvögel, Zwergtaucher, Flussuferläufer und sogar Sumpfrohrsänger anzutreffen. Dies alles dürfen wir Vierbeiner ohne Leinenzwang genießen. Ein Großteil des Aasees ist offizielles Hundefreilaufgebiet. Kein Wunder, dass mein Zweibeiner mindestens einen der täglichen Gassigänge mit mir im Aasee-Bereich macht. In Zukunft wird er das ganz selten mit mir alleine tun, oftmals mit Peter oder Jule und ihren vierbeinigen Anhängen.

An vielleicht wenigen, für mich aber ganz besonders schönen Tagen werden sich in Zukunft die drei Zweibeiner mit uns zum gemeinsamen großen Gassigang treffen. Dann gehört der Aasee uns alleine. Wir genießen dann unser Hundeglück und werden die Chefs im Revier sein: Einstein, Jumper und ich.

# EPILOG

Mein Plan ist tatsächlich nachhaltiger aufgegangen, als ich dies erwarten durfte. Einstein sehe ich mittlerweile fast jeden Tag und oftmals verbringen wir auch die Wochenenden miteinander. Dies hat einen simplen Grund: Gernot und Jule teilen so oft es geht ihre Freizeit miteinander. Der Aasee ist nur eines von mehreren lohnenden Zielen für unsere Ausflüge. Die sanft geschwungenen Höhen der Baumberge westlich von Münster gehören ebenso dazu wie der geradlinige Weg am Kanal entlang von Hiltrup bis nach Senden oder die verträumten Wege im Venner Moor.

Die Hoffnung der beiden, dass wir dann zu Lämmchen mutieren und an den Lippen unserer Zweibeiner hängen würden, um jedes unsinnige Kommando auszuführen, erfüllte sich auf Dauer jedoch nicht. Dennoch sind wir unkomplizierte Hunde. Wir haben uns an den organisierten Diebstahl unserer Essensvorräte in den grauen Tonnen vor dem Haus gewöhnt, ebenso an bunt gekleidete Jogger, kostümierte Glühweintrinkerinnen und an die artistischen Einlagen eines Zweibeiners, den Jule Pirouetten-Paul nennt. Von schlanken dunkelgrünen Flaschen mit Korkverschluss lassen wir die Pfoten, auch wenn sie lustige doppeltbelichtete Bilder erzeugen und erlebnisreiche Träume bescheren. Wir bleiben auch stundenlang alleine zu Hause, ohne dass anschließend eine Grundrenovierung erforderlich wird und wir erziehen Frauchen und Herrchen gewaltfrei. Unsere Mägen vertragen fast alles, was die

Zweibeiner uns vorsetzen und ausgefallene Krankheiten sind uns fremd. Wir haben nur eine kleine Macke: Auch künftig werden wir – Gemeinsamkeit macht stark – einen Dreh finden, wie man Herrchen und Frauchen dazu bekommt, das zu tun, was wir Vierbeiner wollen. Und sie in dem Glauben lassen, sie hätten entschieden.

# Danksagung

Das letzte Wort sollte dem Zweibeiner gehören, der in diesem Buch eine wichtige Nebenrolle spielt. Als leinenhaltendes Herrchen von Chaka bin ich allen freiwillig und unfreiwillig Mitwirkenden bei den kleinen Abenteuern mit Chaka, Jumper und Einstein außerordentlich dankbar. Ohne sie hätten sich die beschriebenen Episoden nicht ereignet, wobei in einigen Fällen die Realität durch die schriftstellerische Freiheit des Autors ergänzt wurde. Namentlich danken möchte ich meinem ständigen Wegbegleiter Peter Domnik für seine Geduld und ansteckend gute Laune bei den zahllosen gemeinsamen Touren, wenn unsere Gespräche von den Vierbeinern dominiert wurden. Meine Frau Petra hat nicht nur ein großes Herz für Hunde, sie war mir auch eine außerordentlich wichtige Hilfe beim Schreiben. Mein ganz besonderer Dank geht an Angela Middeldorf für ihre wertvolle Unterstützung bei der Manuskripterstellung.

Nicht nur dankbar, sondern überaus glücklich bin ich, dass es Vierbeiner wie Chaka gibt, die mein Leben so unendlich bereichert. Ich weiß nicht, ob Chaka mich zu einem besseren Menschen gemacht hat, bestimmt hat sie aber einige Veränderungen in mir bewirkt. Durch ihr sensibles Wesen hält sie mir – öfter als mir manchmal lieb ist – den Spiegel vor. Besonders dann, wenn meine Hektik und Unbesonnenheit einmal mehr überhandnimmt und mir die notwendige Gelassenheit fehlt. An Chakas feinfühliger

Reaktion kann ich das Ergebnis meines Verhaltens in Echt-zeit ablesen. Viel deutlicher und subtiler als es meine ver-ständnisvolle menschliche Partnerin tun würde, die nor-malerweise in liebevoller Zuneigung über diese Schwäche hinwegsieht. Ein Vierbeiner wie Chaka ist ein Gewinn für jeden Menschen und für jede zwischenmenschliche Bezie-hung. Wie sagt der Schriftsteller Carl Zuckmayer treffend: »Ein Leben ohne Hund ist ein Irrtum.«

Impressum

Gernot Beger
**Wer erzieht hier eigentlich wen?**
**Die Welt vom anderen Ende der Hundeleine**
Erzählung

1. Auflage • Oktober 2018

ISBN Buch: 978-3-95683-657-2
ISBN E-Book PDF: 978-3-95683-658-9
ISBN E-Book epub: 978-3-95683-659-6

Lektorat: Ulrike Rücker
ulrike.ruecker@klecks-verlag.de
Umschlaggestaltung: Ralf Böhm
info@boehm-design.de • www.boehm-design.de
Titelfoto: Agnieszka Fuchs
www.fuchsfotoroom.de
Kontakt zum Autor:
www.gernotbeger.de

© 2018 KLECKS-VERLAG
Würzburger Straße 23 • D-63639 Flörsbachtal
info@klecks-verlag.de • www.klecks-verlag.de

Bibliografische Information der Deutschen Nationalbibliothek:

Die Deutsche Nationalbibliothek verzeichnet diese Publikation in der Deutschen Nationalbibliografie; detaillierte bibliografische Daten sind im Internet über http://dnb.d-nb.de abrufbar.

Leseempfehlung …

Alfons Zürcher
**Schwabinger 7**
Nachtschwärmertauchen
Roman

Taschenbuch • 13 x 20 cm • 158 Seiten
ISBN Buch: 978-3-95683-559-9
ISBN E-Book PDF: 978-3-95683-560-5
ISBN E-Book epub: 978-3-95683-561-2

Die Münchner Kneipe Schwabinger 7 – eine schiefe Baracke, die Widerspenstigkeit signalisiert. Sie zieht ein denkbar buntscheckiges Publikum an: vom Punk über den honorigen Rechtsanwalt bis hin zum chronischen Trinker. Alle sind sie auf der Flucht vor einer Realität, die ihren wahren Bedürfnissen anscheinend nicht entspricht. So ist die 7 Zufluchtsort vor den Zumutungen der allgegenwärtigen Forderung zu funktionieren.

Neben dem Alkohol ist jedoch die Musik der wirkliche Brandbeschleuniger. Der DJ, offensichtlich ausgestattet mit einem seismographischen Gespür für die Befindlichkeit der Gäste, beschallt sie mit traumwandlerischer Sicherheit.

Und so kann Ungewöhnliches geschehen: Die Trennwände des unsichtbaren Kokons der Isolation, in denen alle eingesponnen sind, werden durchstoßen. Seelenzustände werden mitteilbar, anderweitig nie Geäußertes bricht sich Bahn.

Ein Abenteuer. Ein Ausbruch aus dem schnöden Alltag. Nicht nur für diese Nacht.

Leseempfehlung …

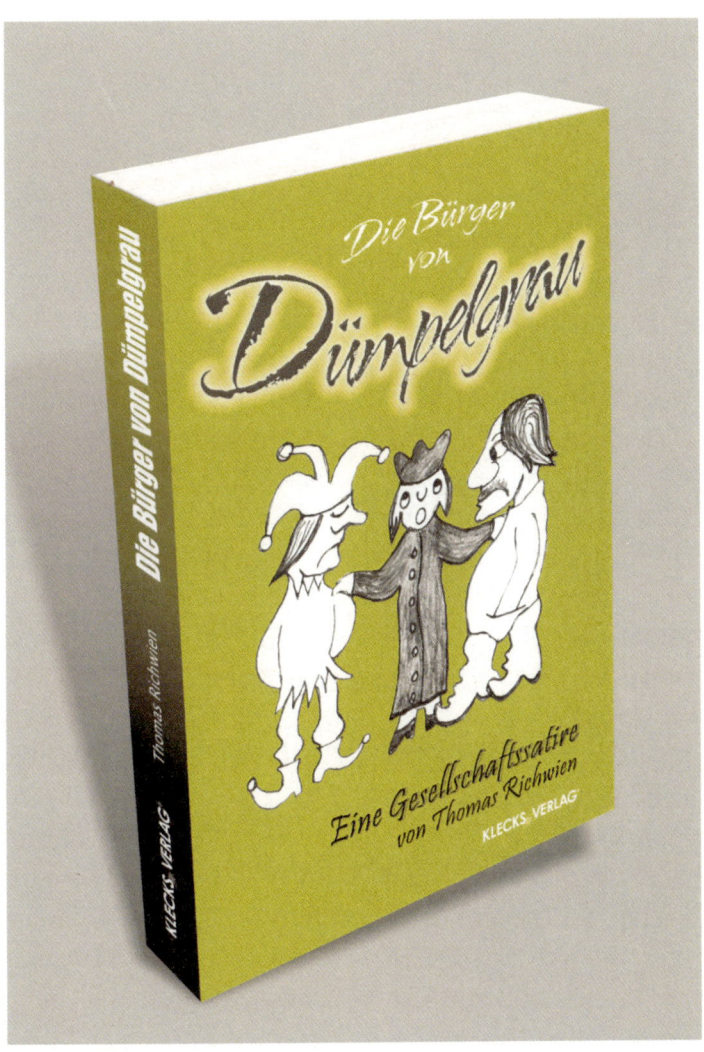

Thomas Richwien
**Die Bürger von Dümpelgrau**
Eine Gesellschaftssatire

Taschenbuch • 13 x 20 cm • 204 Seiten
ISBN Buch: 978-3-95683-400-4
ISBN E-Book PDF: 978-3-95683-401-1
ISBN E-Book epub: 978-3-95683-402-8

Irgendwo in einer Einöde besiedeln mehr oder weniger gescheiterte Existenzen, Aussiedler und Aussteiger ein als wertlos erklärtes Stück Land. Aus nichts wird etwas – eine Gemeinde entsteht auf ödem Grund ... Sie buddeln, sie bauen, sie diskutieren, planen, verwerfen, streiten sich – die Bürger von Dümpelgrau. Zum Bürgermeister gewählt wird ein mit aufgeblähtem, voll leerer Worthülsen gespicktem Politgefasel auftrumpfender Bewerber.

Kaum sind die Grundfesten errichtet, schreitet der Entwicklungswille voran. Wie verhilft man nun der Gemeinde zu wirtschaftlichem Aufstieg? Was ist zu bedenken, was in die Wege zu leiten? Wie schafft man Friede und Einigkeit?

Aberwitzige Ideen, merkwürdige Gestalten, erschreckende Parallelen finden sich in dieser Satire. Ein Querschnitt durch die Gesellschaft – immer mit dem Finger in der Wunde und gespickt mit schwarzem Humor.